L'Étrange Beauté
des mathématiques

David Ruelle

L'Étrange Beauté
des mathématiques

REMERCIEMENTS

D'innombrables discussions ont contribué à l'élaboration de *L'Étrange Beauté des mathématiques*. Plus d'un collègue y retrouvera telle ou telle idée dont il a débattu avec moi. Je dois beaucoup à tous les collègues et amis, et je regrette de ne pouvoir les citer nommément. Je dois aussi remercier Janine Ruelle et Robin Alais qui ont lu le manuscrit et m'ont communiqué d'utiles remarques. Janine a d'ailleurs fait l'essentiel de la traduction en français du manuscrit. Enfin, je suis très reconnaissant à Odile Jacob et à son équipe pour leur enthousiasme et le soin qu'ils ont apporté à la préparation de ce volume, au choix de son titre et à son aspect final.

David Ruelle,
été 2008.

© ODILE JACOB, OCTOBRE 2008
15, RUE SOUFFLOT, 75005 PARIS

www.odilejacob.fr

ISBN : 978-2-7381-2149-3

Préface

ΑΓΕΩΜΕΤΡΗΤΟΣ ΜΗΔΕΙΣ ΕΙΣΙΤΩ

La tradition veut que Platon ait fait graver à l'entrée de l'Académie d'Athènes : « Que nul ne pénètre ici, s'il ignore les mathématiques. » Aujourd'hui encore, l'étude des mathématiques reste une préparation essentielle pour ceux qui veulent comprendre la nature des choses. Mais est-il possible de pénétrer le monde des mathématiques sans études longues et arides ? Oui, dans une certaine mesure, parce que ce qui intéresse le lecteur cultivé (que l'on aurait appelé jadis un philosophe) n'est pas une maîtrise technique approfondie. Ce que le philosophe (c'est-à-dire vous et moi) voudrait comprendre, c'est comment l'esprit humain, ou disons le cerveau du mathématicien, se mesure à l'univers des mathématiques.

Mon ambition est de présenter une vision des mathématiques et des mathématiciens qui pourra intéresser aussi bien les non-mathématiciens que les familiers de cette discipline. Je n'exprimerai pas systématiquement les idées les plus couramment admises. J'essayerai plutôt de présenter un ensemble cohérent de faits et d'opinions qui soit acceptable par un bon nombre de mathématiciens en activité. Je ne tenterai d'aucune manière une description complète, mais j'exposerai quelques-uns des multiples aspects de la relation entre mathématiques et mathématiciens. Certains de ces aspects se révéleront rien moins qu'admirables, et peut-être aurais-je dû les omettre, mais j'ai préféré être honnête plutôt que politiquement correct. On pourrait aussi me reprocher d'avoir surtout insisté sur l'aspect formel et structurel des mathématiques, mais je pense que ce sont justement ces aspects qui présenteront le plus grand intérêt pour le lecteur de ce livre.

La communication humaine est fondée sur le langage. Cette méthode de communication est acquise et maintenue, pour chacun d'entre nous, grâce au contact d'autres usagers du langage et dans le contexte des expériences que nous vivons. Le langage humain transmet la vérité, mais aussi l'erreur, le mensonge et le non-sens. Il conviendra donc de l'utiliser, dans notre discussion, avec la plus grande prudence. Il est possible d'améliorer la précision du langage en définissant explicitement les termes utilisés. Toutefois, cette approche a ses limites : la définition d'un terme nécessite d'autres termes qui doivent à leur tour être définis, etc. Les mathématiques ont trouvé un moyen d'éviter cette escalade infinie : elles évitent l'usage de définitions, en postulant certaines relations logiques (appelées « axiomes ») entre des termes mathématiques qui ne sont pas autrement définis. En utilisant les termes mathématiques introduits par les axiomes, il est possible de définir de nouveaux termes et d'avancer dans la construction des théories mathématiques. En principe, les mathématiques n'ont donc pas besoin de s'appuyer sur un langage humain. Elles peuvent lui substituer une présentation formelle dans laquelle la validité d'une déduction peut être vérifiée mécaniquement, sans risque d'erreur ni de tromperie.

Le langage humain comprend certains concepts comme « signification » ou « beauté ». Ces concepts sont importants pour nous, mais généralement difficiles à définir. Peut-être pouvons-nous espérer que la signification ou la beauté mathématiques seront plus faciles à analyser que les concepts généraux correspondants. Je consacrerai un certain temps à examiner ce genre de questions.

Le contraste est saisissant entre la faillibilité de l'esprit humain et l'infaillibilité de la déduction mathématique, l'aspect trompeur du langage humain et la précision absolue des mathématiques formelles. C'est ce qui rend l'étude des mathématiques nécessaire pour le philosophe, comme l'affirme Platon. Mais, alors que l'étude des mathématiques est, selon lui, un exercice intellectuel essentiel, il faut aller plus loin. Nombre d'entre nous seront d'accord : il y a d'autres choses importantes pour le philosophe (c'est-à-dire vous et moi) que l'expérience mathématique, quelle que soit sa valeur.

Ce livre est écrit pour des lecteurs de tout niveau mathématique (y compris minimal). La plupart du temps, je parle de manière non technique des mathématiques et des mathématiciens. Mais j'ai aussi inséré quelques véritables mathématiques, faciles et moins faciles. J'encourage le lecteur, quelle que soit sa formation, à faire un effort pour comprendre les paragraphes mathématiques, ou au moins les lire (quitte à ne guère les comprendre) plutôt que de passer directement aux chapitres suivants.

Les mathématiques comportent de nombreux domaines, et parmi eux la logique, l'algèbre et l'arithmétique qui sont parmi les plus difficiles et les plus techniques. Cependant, certains de leurs résultats sont très frappants, relativement faciles à présenter et possèdent probablement le plus grand intérêt philosophique pour le lecteur. Je mettrai donc principalement l'accent sur ces aspects. Je voudrais pourtant ajouter que mes domaines de compétence se situent ailleurs : en dynamique différentiable et en physique mathématique. Le lecteur ne sera donc pas surpris de trouver un chapitre sur la physique mathématique, montrant comment les mathématiques débouchent sur autre chose. Cet autre chose est ce que Galilée appelait « le Grand Livre de la Nature », et qu'il passa sa vie à étudier. Un fait très important, dit Galilée, est que le Grand Livre de la Nature *est écrit en langage mathématique*.

1

La pensée scientifique

Mon travail quotidien est surtout un travail de recherche en physique mathématique, et je me suis souvent demandé quels étaient les processus intellectuels qui constituaient cette activité. Comment un problème se pose-t-il ? Comment le résout-on ? Quelle est la nature de la pensée scientifique ? Nombreux sont ceux qui ont posé ces questions et leurs réponses emplissent de nombreux livres dans une variété de domaines : épistémologie, sciences cognitives, neurophysiologie, histoire des sciences, etc. J'ai lu bon nombre de ces livres, qui m'ont en partie satisfait, en partie déçu. Il est clair que les questions que je pose sont très difficiles, et qu'il n'est pas possible actuellement d'y répondre pleinement. Je suis cependant parvenu à la conclusion que ma compréhension de la nature de la pensée scientifique peut être enrichie par l'analyse de ma propre méthode de travail et de celle de mes collègues.

Le principe sur lequel je veux me fonder est que, pour comprendre la pensée scientifique, il faut étudier la façon dont la science est pratiquée, et que le mieux pour cela est d'être un scientifique immergé dans le travail de recherche. Cela ne signifie pas que les croyances en vogue dans la communauté scientifique doivent être acceptées sans esprit critique. J'émets par exemple de sérieuses réserves au sujet du *platonisme mathématique* professé par de nombreux mathématiciens. Cependant, demander à des professionnels comment ils fonctionnent me semble un point de départ plus approprié qu'une conception idéologique de la manière dont ils devraient fonctionner.

Bien sûr, si je me demande comment je fonctionne, je pratique l'introspection ; or l'introspection est notoirement peu fiable. C'est un problème important, et qui requerra notre vigilance constante. Quelles sont les bonnes et les mauvaises questions que l'on peut se poser ? Le physicien sait qu'essayer de comprendre la nature du temps par introspection est une sottise. Mais ce même physicien sera prêt à expliquer comment il tente de résoudre certains problèmes (et c'est aussi de l'introspection). Pour un bon scientifique professionnel, la distinction entre les questions acceptables et celles qui ne le sont pas est en général évidente, mais l'aptitude à faire cette distinction est réellement au cœur de ce que l'on appelle la *méthode scientifique*, et celle-ci a mis des siècles à se développer. Je m'abstiendrai donc de dire que la différence entre bonnes et mauvaises questions est toujours évidente, mais je maintiens que la formation scientifique aide à faire cette différence.

Restons-en là sur l'introspection, mais je désire souligner une fois encore que ce livre est le résultat de ma curiosité au sujet de la démarche intellectuelle, en particulier dans mon propre travail. Cette quête m'a conduit à formuler un certain nombre de vues et d'idées que j'ai naturellement d'abord discutées avec des collègues [1]. Après quoi j'ai décidé de mettre ces idées par écrit pour un public plus large. Je dois avouer tout de suite que je n'ai pas de théorie définitive à proposer. Mon ambition sera bien plutôt de décrire de manière détaillée la pensée scientifique : c'est un sujet à la fois subtil, complexe et absolument fascinant. Je le répète : je présenterai ma vision et mes idées, et j'éviterai les assertions dogmatiques qui pourraient donner au non-professionnel l'impression que la relation entre l'intelligence humaine et ce que nous appelons la *réalité* a été finalement et clairement élucidée. De plus, une attitude dogmatique pourrait encourager certains de mes collègues à énoncer comme des conclusions fermes et définitives leurs propres convictions incertaines. Nous nous trouvons dans un domaine où la discussion est nécessaire, et en cours. Mais nous en sommes encore au stade des opinions raisonnables plutôt que des connaissances certaines.

Après toutes ces précautions oratoires, je vais énoncer une conclusion à laquelle il me semble difficile d'échapper : *la structure de la science humaine dépend largement de la nature particulière et de l'organisation du cerveau humain.* Je ne suggère en aucune manière qu'un extraterrestre pourrait développer une science dont les conclusions seraient opposées aux nôtres. Bien plutôt, je soutiendrai que notre extraterrestre comprendrait et s'intéresserait à des objets dont l'intérêt et la compréhension nous seraient peu accessibles.

Voici une autre conclusion : *ce que nous appelons la méthode scientifique varie d'une discipline à l'autre.* Cela ne surprendra pas ceux d'entre vous qui ont travaillé en mathématiques et en physique, ou en physique et en biologie : le sujet définit jusqu'à un certain point les règles du jeu, qui varient d'une discipline à l'autre. Il n'est pas jusqu'aux différents domaines des mathématiques (disons l'algèbre et la dynamique différentiable) qui ne demandent une intuition différente.

Dans ce qui suit, j'essayerai de comprendre le *cerveau du mathématicien*. Ce n'est pas que je trouve les mathématiques plus intéressantes que la physique ou la biologie. La raison de ce choix est que les mathématiques peuvent être considérées comme un produit de l'esprit humain limité seulement par les règles de la logique pure. (Nous reviendrons sur cette affirmation par la suite, mais elle nous suffit pour l'instant.) La physique, par ailleurs, est également limitée par la réalité physique du monde qui nous entoure. (Il peut paraître difficile de définir ce que nous entendons par réalité physique, mais celle-ci restreint fortement les théories physiques possibles.) Quant à la biologie, elle concerne un groupe d'organismes terrestres qui ont tous une origine commune : cela constitue une restriction certainement très importante.

Les deux « conclusions » que je viens de proposer ont une portée limitée parce qu'elles sont énoncées en termes à la fois généraux et vagues. Ce qui est intéressant, c'est de voir comment la science s'élabore et ce qu'elle capte de la nature élusive des choses. Ce que j'appelle la « nature des choses » ou la « structure de la réalité », c'est ce qui constitue précisément le domaine de la science. Sont incluses les structures logiques étudiées par les mathématiques, mais aussi les structures physiques ou biologiques du monde dans lequel nous vivons. Il serait contre-productif d'essayer de définir « réalité » ou « connaissance » à ce stade. Cependant, il y a clairement eu un immense progrès dans notre connaissance de la nature des choses au cours des derniers siècles et même des dernières décennies. J'irai même plus loin et j'énoncerai une troisième conclusion : *ce que nous appelons « connaissance » a changé avec le temps*.

Pour préciser ma pensée, j'examinerai l'exemple d'Isaac Newton [2]. Ses contributions à la création du calcul différentiel et intégral, de la mécanique et de l'optique en font l'un des plus grands hommes de science de tous les temps. Cependant, il a laissé de nombreuses pages de notes qui nous montrent qu'il avait également d'autres centres d'intérêt : il a passé beaucoup de temps à faire des expériences d'alchimie et à essayer d'établir une corrélation entre l'histoire et les prophéties de l'Ancien Testament.

Si nous examinons l'œuvre de Newton, il nous est facile de voir quelle en est la part que nous appelons « science » : son calcul différentiel et intégral, sa mécanique et son optique eurent d'immenses développements. Son alchimie et son étude des prophéties, par contre, n'ont conduit nulle part. Le manque de succès de l'alchimie peut se comprendre par le fait que les alchimistes établissaient des corrélations entre les métaux et les planètes que nous considérons à présent comme dénuées de justification rationnelle ou empirique. Quant à l'usage ésotérique des Écritures pour comprendre l'histoire, il se poursuit à ce jour, mais la plupart des scientifiques *savent* qu'il est sans fondement (et cette opinion est confortée par des études statistiques [3]).

Un homme de science moderne distingue sans difficulté entre la science véritable de Newton et ses entreprises pseudo-scientifiques. Comment est-il possible que ce même esprit admirable qui dévoila les secrets de la mécanique céleste se soit complètement fourvoyé dans d'autres domaines ? La question nous irrite parce que nous voyons la vraie science comme honnête et guidée par la raison alors que, au contraire, la pseudo-science est souvent malhonnête et, en tout cas, fait fausse route. Mais quelle route ? Ce que nous voyons maintenant comme la voie bien tracée de la science était, au temps de Newton, une voie obscure parmi d'autres qui probablement ne menaient nulle part. Le progrès de la science, ce n'est pas simplement que nous avons résolu de nombreux problèmes mais, de manière sans doute plus importante, que nous avons modifié la manière dont nous abordons de nouveaux problèmes.

Nous avons progressé dans notre compréhension de ce que sont les bonnes et les mauvaises questions, et des bonnes et mauvaises manières de les aborder. Ce changement de perspective correspond à un changement dans la nature de ce que nous appelons la « connaissance ». Ce changement de perspective donne à l'homme de science contemporain ou au profane cultivé une certaine supériorité intellectuelle sur des géants comme Newton. Par supériorité intellectuelle, je veux dire non seulement davantage de connaissances et de meilleures méthodes mais, surtout, une meilleure compréhension de la nature des choses.

2

Les mathématiques :
de quoi s'agit-il ?

Lorsque nous parlons des mathématiques, il est souhaitable de donner des exemples. Dans ce chapitre, ils seront faciles, mais le lecteur devra se méfier d'une tendance naturelle à survoler ce qui paraît être des détails techniques. Au contraire, il vaut mieux s'y attarder. Allons-y, mais sans hâte !

Considérons les deux triangles ABC et $A'B'C'$, et supposons que $AB = A'B'$ (ceci signifie que la longueur du côté AB est la même que celle du côté $A'B'$). Supposons également que $BC = B'C'$ et que l'angle en B dans le triangle ABC est le même que l'angle en B' dans le triangle $A'B'C'$.

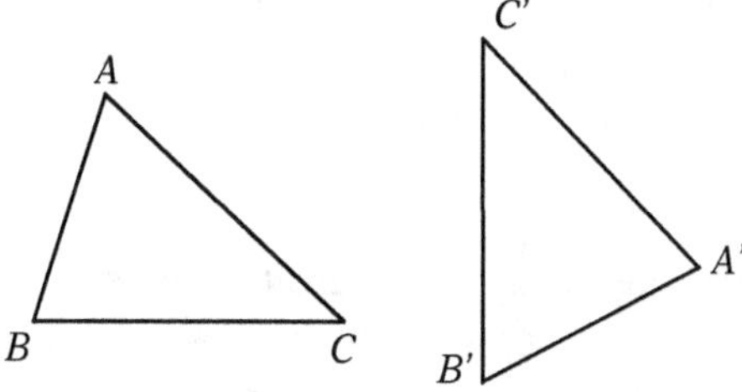

Ayant supposé tout cela, nous en déduisons que les deux triangles *ABC* et *A'B'C'* sont égaux ou, plus exactement, *congruents*. Cela signifie que si les deux triangles sont dessinés sur du papier et que nous en découpons les contours aux ciseaux, nous pouvons les déplacer et les superposer exactement. (Il faudra dans certains cas retourner l'un des triangles *recto verso* avant de le superposer à l'autre.) À l'aide des morceaux de papier, nous pouvons également expliciter ce que nous voulons dire par des *côtés égaux* ou des *angles égaux* (ils peuvent être superposés exactement).

Si vous maîtrisez raisonnablement la langue française et que vous avez un minimum d'intelligence visuelle, vous aurez suivi sans trop de mal les considérations ci-dessus et vous les aurez sans doute trouvées mortellement ennuyeuses. En effet, lorsque vous aurez compris leur sens, elles vous paraîtront à la fois évidentes et sans intérêt. Pourquoi s'est-on jamais passionné pour des « théorèmes de géométrie » comme celui que nous venons de discuter ? Pour la beauté de la chose, énonçons le théorème une nouvelle fois : *si les triangles ABC et A'B'C' sont tels que* $|AB| = |A'B'|$, $|BC| = |B'C'|$, *et si l'angle B de ABC est égal à l'angle B' de A'B'C', alors ABC et A'B'C' sont congruents.* Et il est également vrai que *si les triangles ABC et A'B'C' sont tels que* $|AB| = |A'B'|$, $|BC| = |B'C'|$ *et* $|CA| = |C'A'|$, *alors ABC et A'B'C' sont congruents.*

La chose remarquable est qu'à partir d'affirmations aussi évidentes que celles-ci, il est possible, en toute logique, de déduire des résultats plus intéressants comme le théorème de Pythagore [1] :

Si l'angle en B dans le triangle ABC est un angle droit[*] *alors*

---

* Vous savez ce qu'est un angle droit, mais si vous insistez pour avoir une définition, en voici une : si les quatre angles d'un quadrilatère sont égaux, alors ce sont des angles droits (et le quadrilatère est un rectangle).

$$|AB|^2 + |BC|^2 = |AC|^2$$

$$b^2 = a^2 + c^2$$

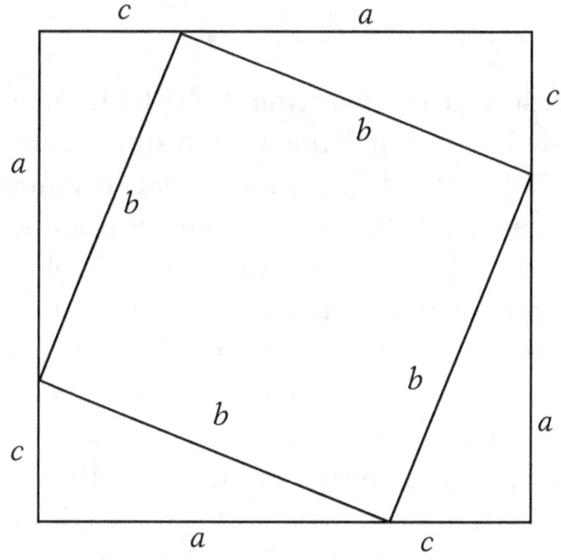

Il est possible d'obtenir une preuve de ce résultat en examinant la figure suivante :

Le grand carré a une surface $(a + c)^2 = a^2 + 2ac + c^2$, il est formé d'un petit carré de surface b^2, et de quatre triangles de surface $\frac{1}{2}ac$ chacun, donc $a^2 + 2ac + c^2 = b^2 + 2ac$, ce qui implique $a^2 + c^2 = b^2$.

La connaissance du théorème de Pythagore est utile. Elle nous permet, par exemple de construire un angle droit avec une ficelle. Voici comment : faisons des marques sur la ficelle, de manière à la diviser en 12 intervalles de longueur égale (appelons cette longueur une « coudée »). Ensuite, formons avec notre ficelle un triangle de côtés de 3, 4 et 5 coudées. Alors l'angle entre les côtés de longueur 3 et 4 coudées est un angle droit.

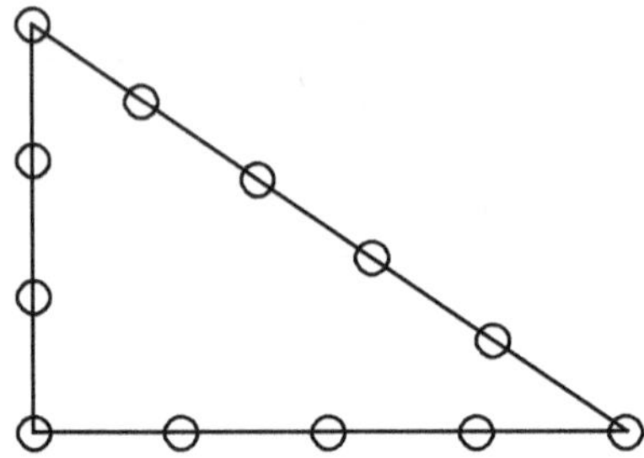

Ce n'est pas complètement évident, mais se déduit du théorème de Pythagore si nous remarquons que $3^2 + 4^2 = 9 + 16 = 25 = 5^2$. Les anciens Grecs adoraient discuter et aimaient la géométrie parce qu'elle leur donnait la possibilité d'argumenter pour arriver à des conclusions irréfutables. La géométrie, comme le remarquait Platon, est affaire de connaissances et non d'opinions [2]. Dans le livre VII de *La République*, il la place pour cette raison parmi les études exigées des philosophes qui seront appelés à diriger la cité idéale. Dans une discussion de caractère très moderne, Platon remarque que la géométrie a des applications pratiques, mais que l'importance réelle du sujet est ailleurs : « La géométrie est la connaissance de ce qui est éternellement vrai. Elle attire l'âme vers la vérité et conduit à la pensée philosophique. » Platon fait ici référence à la géométrie plane, et note le manque de développement (en son temps) de la géométrie à trois dimensions, déplorant que « ce sujet difficile soit peu étudié ».

Moins d'un siècle après *La République* de Platon paraissent *Les Éléments* d'Euclide [3] (environ 300 A. C.). Ces derniers présentent la géométrie de manière résolument logique : une suite d'énoncés (appelés théorèmes) liés par des lois strictes de déduction. On part d'un choix d'énoncés qu'on suppose vrais (en langage moderne, nous les appelons des « axiomes ») et les règles de déduction produisent alors des théorèmes qui constituent la géométrie. Les mathématiciens modernes sont un peu plus exigeants qu'Euclide lorsqu'ils formulent les axiomes et prouvent les théorèmes. David Hilbert [4] en particulier a montré que, pour être réellement rigoureux, il nous faut remplacer une partie de la pensée intuitive d'Euclide (basée sur l'observation de figures) par des axiomes supplémentaires et des raisonnements plus ardus. Cependant, il est remarquable que les mathématiques modernes procèdent exactement de la même manière qu'Euclide.

Je crois bon de le répéter : les mathématiques consistent en énoncés – comme celui qui se rapporte aux triangles congruents, ou le théorème de Pythagore – liés par des *règles de déduction* strictes. Si nous disposons des règles de déduction et d'un choix initial d'énoncés supposés vrais (appelés *axiomes*), nous sommes en mesure de dériver de nombreux autres énoncés (appelés *théorèmes*). Les règles de déduction constituent la machinerie logique des mathématiques et les axiomes comprennent les propriétés fondamentales des objets qui nous intéressent (en géométrie, il s'agit de points, segments de droites, angles, etc.). Il existe une certaine flexibilité dans le choix des règles de déduction et de nombreuses possibilités pour les d'axiomes. Ayant fait notre choix, nous sommes en possession de tout ce qu'il nous faut pour faire des mathématiques.

La chose la plus terrible qui puisse nous arriver est d'aboutir à une contradiction, c'est-à-dire de prouver un énoncé et son contraire. C'est un souci sérieux, parce que Kurt Gödel [5] a montré qu'il n'est pas possible de prouver qu'un système d'axiomes ne mène pas à des contradictions (sauf dans certains cas trop simples pour être intéressants). En toute honnêteté, il faut ajouter que le théorème de Gödel n'empêche pas les mathématiciens de dormir. Je veux dire par là que Gödel n'empêche aucunement la plupart des mathématiciens de poursuivre leurs recherches : ils ne s'attendent pas à voir surgir une contradiction dans leur travail. Nous pouvons donc pour le moment oublier la question de la non-contradiction et nous occuper des « véritables » mathématiques et de la manière dont elles sont pratiquées par les mathématiciens.

Les mathématiques pratiquées par les mathématiciens ne sont pas simplement un grand tas d'énoncés déduits des axiomes. La plupart de ces énoncés sont sans intérêt, même s'ils sont parfaitement corrects. Un bon mathématicien cherchera des résultats *intéressants*. Ces résultats intéressants ou théorèmes s'organisent en structures naturelles et significatives, et on peut dire que l'objet des mathématiques est de trouver ces structures et de les étudier.

Il nous faut cependant être prudent. J'ai exprimé l'opinion de la plupart des mathématiciens en disant que les mathématiques s'organisent en structures naturelles et significatives. Mais pourquoi devrait-il en être ainsi ? Et d'ailleurs, qu'est-ce que cela signifie ? Ces questions sont difficiles. Nous y reviendrons dans le prochain chapitre et par la suite, mais avant cela il est souhaitable d'examiner le rôle du langage dans les mathématiques.

Lorsque je dis : « Considérons les triangles ABC et $A'B'C'$, et supposons que $AB = A'B'$, $BC = B'C'$... », j'utilise la langue française. Plus ou moins. La question n'est pas de s'indigner que les mathématiciens utilisent un français horrible, mais de s'étonner qu'ils utilisent une langue comme le français. Le travail mathématique se fait à l'aide d'une langue naturelle (le grec ancien ou le français, par exemple), complétée par des symboles techniques et du jargon. Nous avons dit que les mathématiques sont constituées d'énoncés liés par des règles très strictes de déduction, mais nous nous apercevons maintenant que ces énoncés et ces déductions utilisent une langue naturelle qui, elle, n'obéit pas à des règles très strictes. Bien sûr, il y a des règles de grammaire, mais elles sont si compliquées et confuses que la traduction par ordinateur d'un langage naturel en un autre est un problème difficile. Le développement des mathématiques dépendrait-il d'une bonne compréhension structurelle des langues naturelles ? Ce serait un désastre.

Une manière d'échapper à cette difficulté est de montrer qu'il est possible, en principe, de se passer d'une langue naturelle comme le français. Les mathématiques peuvent être présentées comme la manipulation d'expressions formelles symboliques (des formules), dont les règles de manipulation sont absolument strictes, sans aucune des imprécisions présentes dans les langues naturelles. En d'autres termes, il est possible *en principe* de faire une présentation complètement formalisée des mathématiques. Pourquoi seulement en principe et pas en réalité ? Parce que des mathématiques formalisées seraient si lourdes et si difficiles à comprendre qu'elles seraient complètement inutilisables.

Nous pouvons donc dire que les mathématiques, dans leur pratique actuelle par les mathématiciens, sont la discussion (dans une langue naturelle à laquelle s'ajoutent des formules et du jargon) d'un texte formalisé qui n'est jamais écrit explicitement. Il est possible de montrer de manière convaincante que le texte pourrait être écrit, mais on ne le fait pas. En effet, pour des mathématiques intéressantes, le texte formalisé serait extrêmement long et, de plus, quasiment incompréhensible pour un mathématicien humain.

Il existe donc dans les textes mathématiques une tension perpétuelle : le besoin d'être rigoureux pousse à un style formalisé, alors que le besoin d'être compréhensible pousse à une exposition informelle qui utilise les possibilités expressives d'une langue naturelle. Il y a des astuces qui facilitent la vie : par exemple l'usage de *définitions* permet de remplacer une description compliquée (comme celle d'un dodécaèdre régulier) par une expression simple (dodécaèdre régulier) ou une expression symbolique compliquée par un simple symbole. Il est aussi possible d'introduire des *abus de langage* où un certain manque de précision contrôlé ne risque pas de créer de confusion. Il convient de remarquer qu'un texte entièrement formalisé pourrait être vérifié mécaniquement, par un ordinateur par exemple. Pour un texte mathématique ordinaire, par contre, il faut se fier à l'intelligence faillible du mathématicien humain.

Chaque mathématicien s'exprime de manière différente. Dans les meilleurs des cas, le style est clair, élégant, agréable. Citons les exemples modernes du *Cours d'arithmétique* [6] de Jean-Pierre Serre et de l'article de revue « Differentiable dynamical systems » [7] de Steve Smale. Leur style est très différent, Serre étant assez formel, Smale beaucoup moins. Smale utilise par exemple des figures (dessinées à la main) pour expliquer ses constructions mathématiques, ce que Serre ne ferait pas. Mais la plupart des mathématiciens considéreraient probablement que le livre de Serre tout comme l'article de Smale sont de beaux exemples d'exposition mathématique.

3

Le programme d'Erlangen

Si l'on a défini précisément un ensemble d'axiomes et de lois de déduction logique, on a tout ce qu'il faut pour faire des mathématiques. Toutefois, les mathématiques ne sont pas une simple accumulation d'énoncés déduits logiquement d'axiomes de base. La plupart des mathématiciens diraient que les bonnes mathématiques consistent en des énoncés intéressants, qu'elles ont un sens et s'organisent en structures naturelles. Il faut alors expliquer ce que sont des « énoncés intéressants », un « sens », des « structures naturelles ». Ces concepts ne sont pas faciles à définir précisément, mais les mathématiciens les tiennent pour importants, et il nous faut donc essayer de les comprendre. Certains mathématiciens insisteront sur le fait que les énoncés intéressants ou significatifs sont ceux qui se rapportent à des structures naturelles mais d'autres ne seront pas de cet avis. Il nous faudra attendre, pour discuter de cette question, d'avoir une idée de ce que sont les structures mathématiques. Diverses tentatives ont été faites pour définir des structures mathématiques naturelles, et nous allons nous concentrer sur ce concept.

Felix Klein [1], dans sa fameuse leçon inaugurale à Erlangen (en 1872), a proposé un concept des structures naturelles de la géométrie, qui est maintenant connu sous le nom de programme d'Erlangen. Pour discuter les vues de Felix Klein, il nous faut *faire* un peu de mathématiques, en l'occurrence un peu de géométrie. Pour procéder de manière appropriée, il faudrait mettre en jeu des axiomes, des théorèmes et des démonstrations. Cependant, je préfère ne pas supposer que le lecteur a une compétence professionnelle en mathématiques ni qu'il désire en acquérir une. Je vais dès lors faire comme les Grecs avant qu'ils ne formalisent la géométrie à la manière des *Éléments* d'Euclide. Je vous demanderai d'examiner des figures et de faire de simples déductions, ou alors de croire mes affirmations. Mettez-vous dans la peau d'un amateur de philosophie dans l'Athènes antique. Venant à l'Académie pour y suivre des discussions, vous voyez le signe invitant les non-géomètres (ou non-mathématiciens) à passer leur chemin ; mais vous ne vous laissez pas impressionner. Vous entrez.

Pour comprendre les idées de Klein, reprenons d'abord l'exemple de la géométrie euclidienne plane que nous avons examiné dans le chapitre précédent. Nous dirons que le plan est l'*espace* de la géométrie euclidienne, et nous avons introduit la notion de *congruence*. Deux figures sont congruentes ou « égales » si l'une d'entre elles peut être déplacée de manière à être superposée exactement à l'autre. Le déplacement doit être *rigide*, c'est-à-dire qu'il ne doit pas modifier les distances entre paires de points. Les mouvements rigides, c'est-à-dire les congruences, caractérisent l'espace euclidien. En géométrie euclidienne, nous pouvons utiliser des concepts tels que lignes droites, droites parallèles, milieu d'un segment, carré, etc. La géométrie euclidienne nous est très familière, mais nous verrons qu'il existe d'autres géométries intéressantes dans le plan.

Si nous voulons conserver les concepts de droite et de parallèles, mais non celui de distance entre deux points ou de valeur d'un angle, nous obtenons la géométrie *affine*. Dans ce cas, en plus des mouvements rigides, nous autorisons l'étirement et la contraction des distances. Au lieu de congruences, nous avons maintenant des *transformations affines.*

Remarquons qu'un carré, après un mouvement rigide, reste un carré orienté de manière différente :

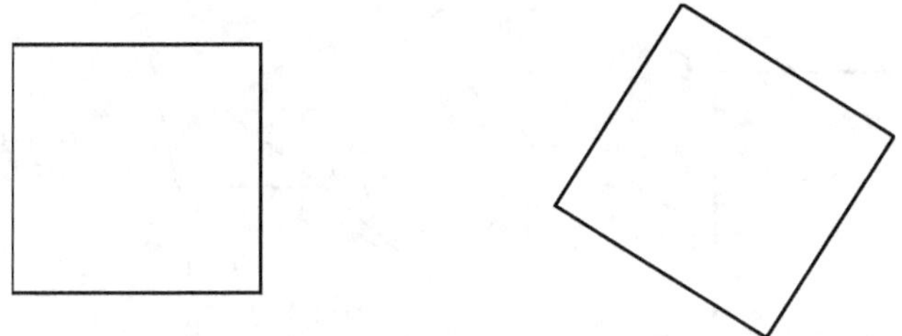

Mais, par une transformation affine, un carré donne n'importe quel parallélogramme.

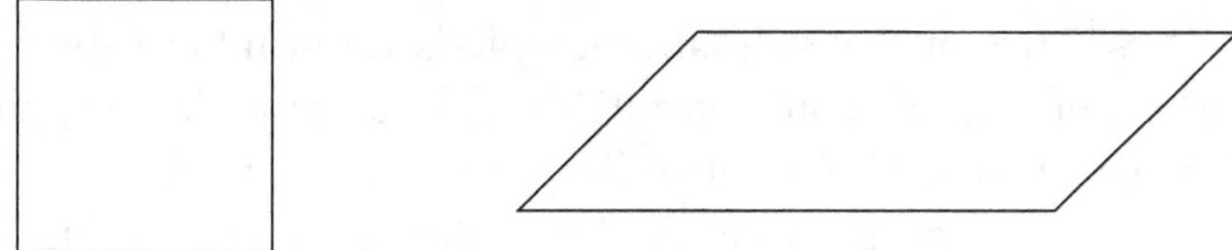

La géométrie affine (du plan) est définie par un espace, le plan, et par les transformations affines. Signalons au passage que la notion de milieu d'un segment a un sens en géométrie affine, même si la longueur du segment, elle, n'en a pas. Cela résulte du fait que nous pouvons dire que des segments de droites parallèles sont égaux s'ils sont interceptés par des droites parallèles.

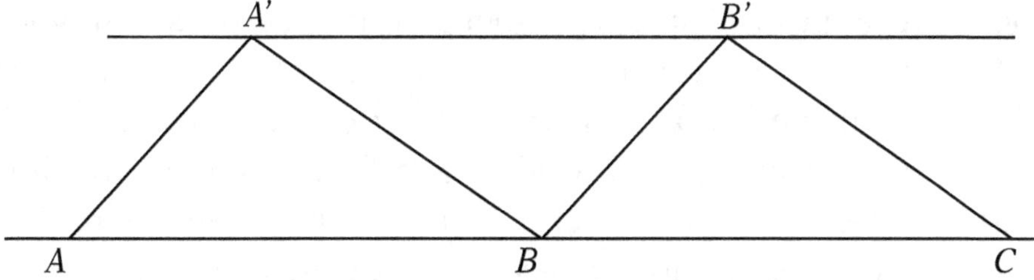

(Si *A'A* est parallèle à *B'B*, et *A'B* parallèle à *B'C*, alors *B* est le milieu de *AC*.)

Un autre type de géométrie est la géométrie *projective*, qui résulte naturellement de l'étude de la perspective. Par exemple, si nous avons une table carrée (à gauche), nous la dessinons (à droite) comme ceci :

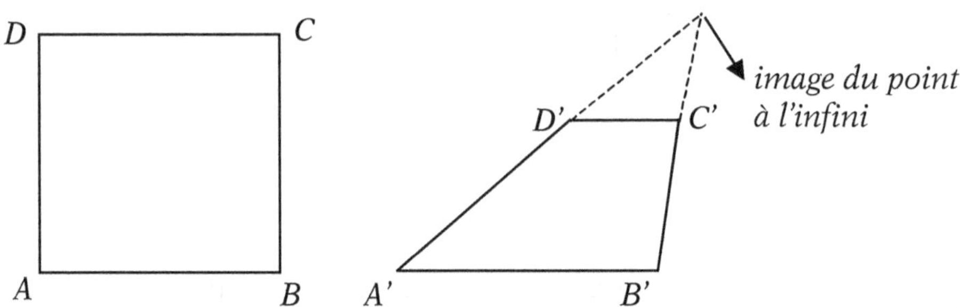

(Nous n'avons pas dessiné les pieds de la table.) Remarquons que deux des côtés parallèles de la table ne le sont plus sur le dessin. Une idée naturelle est de dire que des droites parallèles se coupent à l'infini. Sur le dessin, le point à l'infini devient un point ordinaire du plan. L'espace de la géométrie projective s'appelle « plan projectif », il comprend les points ordinaires du plan et les points à l'infini. Les mouvements rigides (ou congruences) sont remplacés par les transformations dites projectives, qui déplacent les objets d'une manière naturelle du point de vue projectif : les droites restent des droites, mais le parallélisme n'est pas nécessairement conservé. Si vous dessinez une figure sur une table et que vous en faites une représentation correcte en perspective sur un écran, vous établissez une transformation projective entre le plan de la table et celui de l'écran. Si un point P de la table est représenté par un point P' de l'écran, nous dirons que la transformation projective envoie P en P'. Comme nous l'avons remarqué, une transformation projective peut envoyer un point à l'infini vers un point ordinaire. Le contraire peut également se produire : un point ordinaire peut être envoyé à l'infini.

Le centre d'un segment n'est pas un bon concept en géométrie projective, mais le *rapport anharmonique* en est un. Prenons quatre points A, B, C, D sur une droite et appelons a, b, c, d, leur distance au point O, avec un signe + pour les points à droite de O et un signe – à gauche (les nombres a, b, c, d, peuvent donc être positifs, négatifs ou nuls).

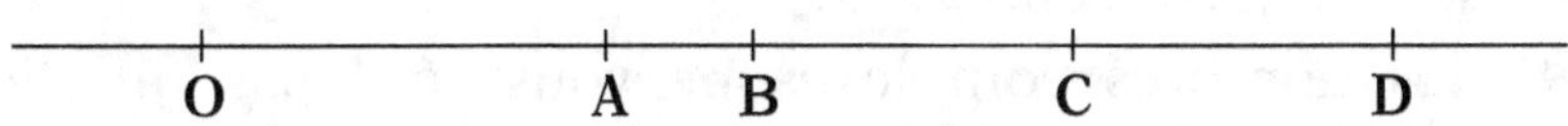

Définissons la quantité (A, B ; C, D) égale à

$$\frac{c-a}{d-a} : \frac{c-b}{d-b} = \frac{(c-a)(d-b)}{(d-a)(c-b)}$$

C'est ce qu'on appelle le rapport anharmonique de A, B, C, D (il ne dépend pas du choix de O ou de ce que nous avons nommé la droite de O ou la gauche de O). Si une transformation projective change A, B, C, D en A', B', C', D', alors (A', B' ; C', D') = (A, B ; C, D). On peut aussi introduire le rapport anharmonique de quatre droites PA, PB, PC, PD passant par un point P :

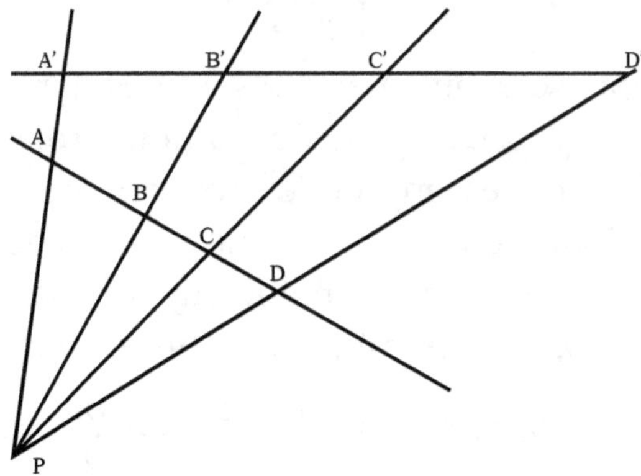

C'est par définition le rapport anharmonique des points A, B, C, D comme dans la figure (nous obtiendrions le même résultat en utilisant A', B', C', D').

Bien que les idées que nous venons de discuter soient postérieures à Platon, il aurait pu les comprendre.

Je voudrais maintenant aborder brièvement quelque chose de vraiment différent des mathématiques grecques et utiliser les *nombres complexes*.

Si les nombres complexes ne vous sont pas familiers, lisez la note [2] avant d'aborder le paragraphe suivant. Peut-être que Platon n'aurait pas été très heureux à la lecture de ce paragraphe et peut-être que vous ne le serez pas non plus. Lisez-le quand même, n'abandonnez pas.

On peut se représenter les nombres complexes comme des points du plan complexe. Par définition, la *droite projective complexe* est constituée des points du plan complexe avec un seul *point* supplémentaire *à l'infini*. Remarquons que la droite projective complexe contient des droites ordinaires et des cercles. Il existe des *transformations projectives complexes* qui déplacent les points sur la droite projective complexe. Pour être précis, elles envoient le point (c'est-à-dire le nombre complexe) z vers le point :

$$\frac{pz + q}{rz + s}$$

(Nous supposons que p, q, r, s sont des nombres complexes tels que $ps - qr \neq 0$.) La transformation projective complexe transforme des cercles en cercles (on admet qu'une droite à laquelle on a ajouté le point à l'infini est considérée comme un cercle). Il est possible de définir le rapport anharmonique de quatre points a, b, c, d (nombres complexes) comme :

$$(a, b \,; c, d) = \frac{c - a}{d - a} : \frac{c - b}{d - b}$$

C'est en général un nombre complexe, mais lorsque a, b, c, d sont sur un cercle, le rapport anharmonique est réel (et réciproquement). Il se trouve que, si une transformation projective complexe change a, b, c, d en a', b', c', d', alors $(a, b \, ; c, d) = (a', b' \, ; c', d')$. En d'autres termes, les transformations projectives complexes préservent le rapport anharmonique. (Si vous avez beaucoup de courage, vous pouvez vérifier cette affirmation. Avec l'aide des définitions que je viens de donner, ce n'est que du calcul.)

Revenons en arrière et voyons ce que nous avons obtenu. Nous avons introduit diverses *géométries*, chacune avec un *espace* et un choix de *transformations*. Dans les cas que nous avons discutés, l'espace est un plan (avec l'adjonction possible de points à l'infini). J'ai choisi le cas du plan pour sa simplicité, d'autres espaces (par exemple l'espace à trois dimensions) pourraient être utilisés. En langage mathématique, les mots « espace » et « ensemble » sont plus ou moins équivalents, ils signifient une collection de « points » dans le cas d'un espace ou d'« éléments » dans le cas d'un ensemble. Une transformation envoie les points d'un espace S vers les points d'un espace S' (souvent, S' est identique à S). L'idée de Felix Klein est qu'un espace et un choix de transformations définissent une géométrie.

L'introduction de différentes géométries nous permet d'apporter un peu d'ordre dans les théorèmes. Considérons par exemple le théorème de Desargues : *Supposons que les deux triangles ABC et A'B'C' sont tels que les droites AA', BB', CC' se coupent en un seul point P. Supposons que les droites AB et A'B' se coupent au point Q, les droites BC et B'C' au point R, les droites CA, C'A' au point S. Alors il existe une droite passant par Q, R, S.*

À quel type de géométrie avons-nous affaire ? Il y a des droites, pas de parallèles, pas de cercles. On peut donc parier que le théorème de Desargues appartient à la géométrie projective. Cette dernière est liée à des questions de perspective et, de fait, le théorème de Desargues peut être compris en termes de perspective. Considérons ABC et $A'B'C'$ comme des

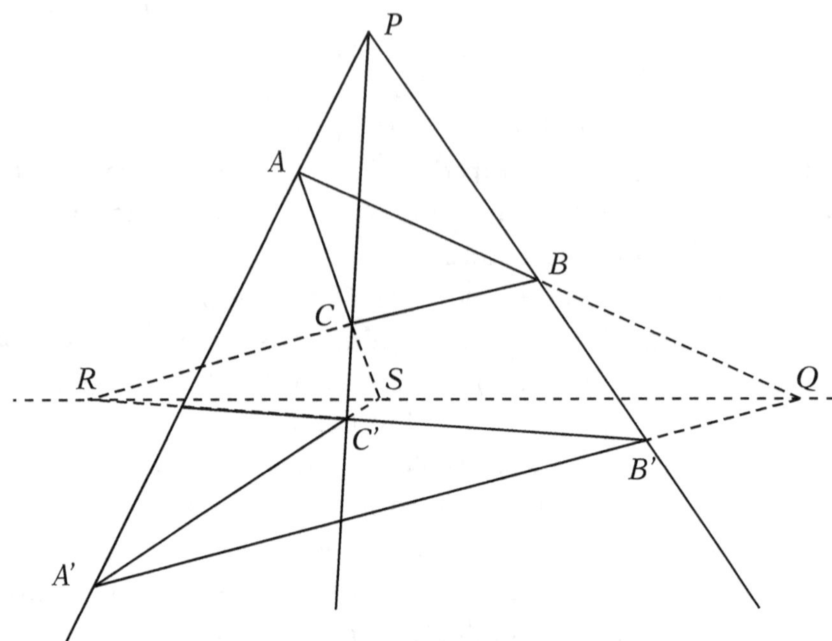

triangles dans un espace à trois dimensions. Nous avons supposé l'existence d'un point P qui est le sommet d'une pyramide dont ABC et $A'B'C'$ sont des sections planes. Les plans contenant ABC et $A'B'C'$ doivent se couper suivant une droite comprenant Q, R, S et, par conséquent, il existe une droite passant par Q, R, S comme l'affirme Desargues.

À ce stade, vous commencez sans doute à comprendre que la géométrie ne consiste pas simplement à homologuer des théorèmes de manière légaliste, mais qu'elle contient des idées, des idées que Platon pourrait comprendre.

4

Mathématiques et idéologies

Maintenant que nous sommes capables de faire la distinction entre les géométries euclidienne, affine et projective, nous pouvons classer nos connaissances. Ainsi, nous avons vu que le théorème de Desargues appartient à la géométrie projective, mais le théorème de Pythagore appartient à la géométrie euclidienne parce qu'il fait appel à la notion de *longueur* des côtés du triangle. Classifier est une grande source de satisfaction pour les scientifiques en général, et pour les mathématiciens en particulier. Classifier est également utile : pour comprendre un problème de géométrie euclidienne, vous utiliserez un ensemble d'outils mathématiques comprenant les cas d'égalité des triangles et le théorème de Pythagore. Pour un problème de géométrie projective, vous utiliserez un autre ensemble d'outils mathématiques, comprenant les transformations projectives et le fait qu'elles préservent le rapport anharmonique. Un problème peut être relativement facile à résoudre si vous utilisez les outils adéquats, et devenir beaucoup plus difficile si vous en utilisez d'autres.

Les mathématiciens professionnels font fréquemment l'expérience de ce genre de situation et reconnaissent à Felix Klein le mérite d'avoir découvert le fait mathématique suivant : il existe plusieurs types de géométries, et il est utile de savoir de quel type de géométrie relève un problème donné.

Pour vous convaincre du fait que le programme d'Erlangen apporte une contribution intéressante à l'idéologie mathématique, je voudrais maintenant discuter un problème *difficile*. Le voici :

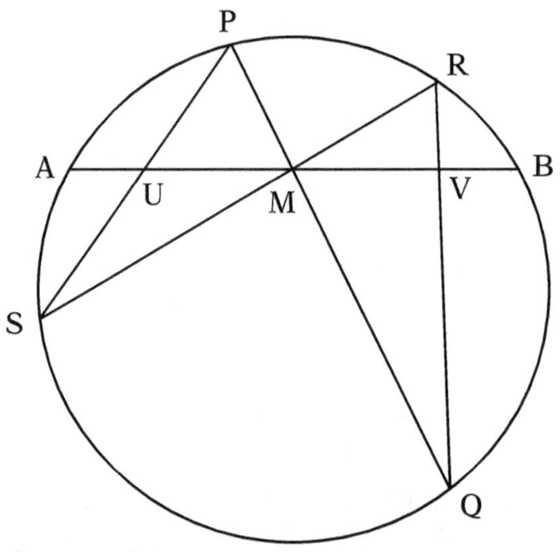

Théorème du papillon

Tracez un cercle et une corde AB, de milieu M. Tracez ensuite les cordes PQ et RS passant par M comme dans la figure. Les cordes PS et RQ coupent AB respectivement en U et V. Montrez que M est le milieu du segment UV.

Notons que le *papillon PSRQ* est généralement un quadrilatère asymétrique.

Si vous avez quelque pratique de la géométrie élémentaire, je vous encourage vivement à essayer de résoudre ce problème avant de continuer. Ne tournez pas la page !

Soyons clair : un mathématicien professionnel ne considère pas le théorème du papillon comme un problème très difficile. Rien à voir avec le *dernier théorème de Fermat* que nous discuterons plus tard. Le théorème du papillon semble être une question facile de géométrie euclidienne élémentaire. On remarque immédiatement que les angles en S et Q sont égaux. Ensuite, on essaie d'appliquer les résultats standard sur l'égalité des triangles (comme celui du chapitre 2). On tente quelques constructions, en dessinant une perpendiculaire ou une bissectrice, et on n'arrive strictement à rien. Alors on commence à avoir des doutes. M est-il vraiment le milieu de UV ? C'est bien le cas. La chose raisonnable à faire en pareil cas est de laisser passer la nuit, et de reprendre le problème le lendemain. (Comme je suis éminemment raisonnable, c'est ce que j'ai fait lorsque mon collègue Ilan Vardi m'a posé ce problème et que je n'ai pas réussi à le résoudre facilement.) Si vous voulez vraiment en venir à bout, vous pouvez tenter l'une des deux choses suivantes :

(i) Utiliser la force brute. Pour un problème de géométrie élémentaire, il est toujours possible (comme nous le verrons plus loin) d'introduire des coordonnées, d'écrire des équations pour les droites concernées et de réduire le problème à une vérification algébrique. Cette méthode est due à Descartes [1]. Elle est efficace, mais lourde, souvent longue et inélégante, et certains mathématiciens vous diront qu'elle ne vous apprend rien puisqu'elle ne vous donne pas de réelle compréhension du problème que vous avez résolu.

(ii) Trouver une idée astucieuse qui rend le problème facile. Pour la plupart des mathématiciens, c'est la bonne méthode.

Dans le cas présent, l'idée astucieuse est de comprendre que le théorème du papillon appartient à la géométrie projective plutôt qu'à la géométrie euclidienne. Il est vrai que le cercle est un objet euclidien, mais il apparaît aussi naturellement dans la géométrie de la droite projective complexe. Il est vrai que la notion de milieu d'un segment est une notion eucli-dienne ou affine, mais c'est une fausse piste : on pourrait partir de $|AM| = \alpha\, |AB|$ dans laquelle α n'est pas nécessairement 1/2.

Je vais maintenant ébaucher une démonstration du théorème du papillon. Vous pourrez la compléter en ajoutant les détails des théorèmes utilisés, ou vous contenter de l'idée générale. Considérons les points A, B, P, R... comme étant des nombres complexes. Puisque A, B, P, R sont sur un cercle, le rapport anharmonique $(A, B\,;\, P, R)$ est réel. On peut supposer que S est à l'origine du plan complexe, et en déduire que les points $A' = 1/A$, $P' = 1/P$, $R' = 1/R$ sont sur une droite et que :

$$(A, B\,;\, P, R) = (A', B'\,;\, P', R')$$

Cette quantité est aussi[*] le rapport anharmonique des droites SA', $SB'\,;\, SP'$, SR' ou (par réflexion) des droites SA, $SB\,;\, SP$, SR ou (en prenant l'intersection par AB) des points A, $B\,;\, U$, M. Donc

$$(A, B\,;\, P, R) = (A, B\,;\, U, M)$$

En remplaçant S par Q, nous obtenons de la même façon :

$$(A, B\,;\, P, R) = (A, B\,;\, M, V)$$

Nous avons donc montré que :

$$(A, B\,;\, U, M) = (A, B\,;\, M, V)$$

c'est-à-dire :

$$\frac{U-A}{M-A} : \frac{U-B}{M-B} = \frac{M-A}{V-A} : \frac{M-B}{V-B}$$

Si M est le milieu de AB, c'est-à-dire $M = \frac{1}{2}(A+B)$, l'équation précédente se simplifie et a pour conséquence :

$$(U-A).(V-A) = (U-B).(V-B)$$

---

[*] Ici nous passons brièvement de la géométrie projective complexe à une dimension à la géométrie réelle à deux dimensions. Notons qu'au lieu de géométrie projective complexe à une dimension, certains mathématiciens préfèrent utiliser la géométrie conforme à deux dimensions, mais c'est quasiment la même chose.

ou en développant et en regroupant :
$$(B - A).(U - V) = B^2 - A^2$$
ou, en divisant par B – A :
$$U + V = A + B$$
Cela montre que le milieu du segment UV est :
$$\frac{U + V}{2} = \frac{A + B}{2} = M$$

C'est ce que nous avions annoncé.

De cette manière, un problème difficile de géométrie trouve une démonstration naturelle et élégante dès l'instant où nous comprenons qu'il appartient naturellement à la géométrie projective plutôt qu'à la géométrie euclidienne.

Cet exemple, comme beaucoup d'autres, montre qu'il existe des structures naturelles en mathématiques. Ces structures naturelles ne sont pas nécessairement faciles à identifier. Elles sont comme les idées ou les formes pures que Platon avait imaginées.

Le mathématicien a donc accès au monde élégant des structures naturelles tout comme, selon Platon, le philosophe peut atteindre au monde lumineux des idées pures.

Pour Platon, le philosophe doit également être un géomètre. Les mathématiciens actuels sont donc les dignes descendants des philosophes-géomètres qui discutaient à l'Académie de l'ancienne Athènes. Ils ont accès au même monde de formes pures, éternelles et sereines, et partagent sa beauté avec les Dieux. Cette vue des mathématiques est appelée « platonisme mathématique ». Sous une forme ou une autre, elle reste populaire auprès de nombreux mathématiciens. Entre autres choses, elle les place au-dessus du commun des mortels. Le platonisme mathématique ne peut cependant pas être accepté sans esprit critique – nous y reviendrons longuement par la suite.

Arrivés à ce point, il nous faut essayer de comprendre un fait choquant : comment le théorème du papillon s'est-il trouvé inclus dans une liste de « problèmes antisémites » ? L'affaire qui nous occupe se passe en Union soviétique dans les années 1970 et 1980. Comme vous le savez, ce pays a brillé dans de nombreux domaines de la science, en particulier en mathématiques et en physique théorique. L'excellence scientifique de certains esprits était reconnue et, de ce fait, suivre les méandres de la ligne du Parti jouait en science un rôle moins prépondérant que dans d'autres domaines de la vie soviétique. Les scientifiques étaient ainsi relativement protégés de l'autorité tatillonne de la caste dirigeante. Cependant, il vint un temps où les autorités soviétiques, par l'intermédiaire des comités du Parti des universités, prirent des mesures pour modifier cette situation. En particulier, elles limitèrent l'admission des Juifs et de certaines autres minorités nationales aux principales universités (en particulier à celle de Moscou). Cette politique n'était pas officielle, mais les candidats indésirables étaient éliminés sélectivement lors des examens d'entrée. Vous trouverez plus de détails dans les articles de Vershik et Shen [2], et en particulier une liste de problèmes « meurtriers » posés pour faire échouer ceux qui n'étaient pas considérés comme ethniquement ou politiquement corrects. La démonstration du théorème du papillon figurait sur cette liste et vous comprenez pourquoi : la manière naturelle d'aborder le problème ne mène nulle part. Bien sûr, il existe une solution relativement simple, qu'un mathématicien expérimenté finira par trouver. Mais imaginez un jeune qui se présente à l'examen d'entrée de l'université et qui doit résoudre un problème de ce genre en un temps limité…

J'ai discuté la politique soviétique avec de nombreux collègues russes (dont la plupart vivent maintenant en Occident). L'un d'entre eux, m'expliquant comment il avait sélectivement raté l'examen d'entrée de l'Université de Moscou après avoir pourtant donné les bonnes réponses, paraissait triste plutôt qu'indigné. Il poursuit maintenant une carrière brillante aux États-Unis, mais bien d'autres ont vu leur vie brisée par le système. Comme le faisait remarquer un autre collègue : « Quelque tragiques qu'aient été les problèmes de discrimination que l'on vient de discuter, cela a été une tragédie marginale à côté d'une tragédie bien plus grande. » Pensez en effet à l'« excès de mortalité » de 16 millions de personnes dans les camps du Goulag, un nombre reconnu officiellement par les autorités soviétiques. Cependant, même si vous voulez considérer cette tragédie comme marginale, l'usage des mathématiques pour imposer une discrimination ethnique ou politique est très dérangeant pour les mathématiciens. Nous pensions que les mathématiques habitaient un monde serein de formes, de beauté, d'idées pures, et les voilà rangées parmi les outils de la répression.

Bien sûr, les choses ont changé en Russie, et A. Vershik mentionne des universitaires, anciennement très actifs dans les programmes de discrimination, qui se sont soudain mués en ardents démocrates, organisant des soirées de culture juive et autres manifestations du même genre. Certains collègues à l'Ouest paraissent un peu trop pressés d'accepter ce soudain revirement.

Comment suis-je passé des mathématiques à cette discussion politique ? Je ne suis pas russe, je ne suis pas juif et l'Union soviétique n'existe plus. Il ne manque pas actuellement de groupes dont le sort pose un problème bien plus urgent que le sort des Juifs soviétiques. Alors pourquoi ne pas faire abstraction de ces laideurs politiques et me consacrer à la beauté du monde platonicien des formes ? Il faut dire que, même si les aspects moraux et politiques de la science ne constituent pas notre objectif principal, nous ne pouvons pas totalement les ignorer. Je trouve que les scientifiques sont généralement des gens de bonne compagnie, mais il ne fait aucun doute que certains d'entre eux sont des salauds et d'autres des tricheurs [3]. Il m'arrive d'être impressionné par la force morale d'un collègue, mais également par la faiblesse d'un autre. On pourra m'objecter que les problèmes moraux ne font pas partie de la science. Cependant, exclure ou réduire au silence des scientifiques pour des raisons non scientifiques peut avoir de lourdes conséquences. Nous aurons l'occasion, par la suite, de rencontrer d'autres exemples de cette fâcheuse situation.

$$5$$

L'unité des mathématiques

Nous avons vu comment, en partant d'une liste d'axiomes et de lois de déduction, il est possible de développer la géométrie, en démontrant un théorème après l'autre. Cependant, il n'y a pas que la géométrie en mathématiques. Prenons par exemple l'arithmétique, qui consiste à jouer avec les nombres 1, 2, 3, 4... appelés les entiers (positifs). Les entiers peuvent être additionnés : $7 + 7 + 7 = 21$ et multipliés : $7 \times 3 = 21$. Il est possible de définir des *nombres premiers* : 2, 3, 5, 7,..., 137, ... Ce sont les entiers qui ne peuvent pas s'écrire comme le produit de deux facteurs différents de 1 : nous venons de voir par exemple que 21 n'est pas un nombre premier. Euclide savait qu'il existe une infinité de nombres premiers, mais les mathématiciens contemporains se posent encore de nombreuses questions à leur sujet [1].

Certains nombres rencontrés en géométrie ne sont pas des entiers, par exemple les *fractions* 1/2, 2/3... Il existe également des nombres *réels* qui ne sont pas des fractions, comme $\sqrt{2} = 1,41421...$ ou $\pi = 3,14159...$ Le nombre $\sqrt{2}$ est la diagonale du carré de côté 1 et Euclide (peut-être déjà Pythagore) savaient que $\sqrt{2}$ n'est pas une fraction. Le nombre π est la circonférence d'un cercle de diamètre 1. La preuve du fait que π n'est pas une fraction n'a été apportée qu'au XVIIIe siècle.

Je pourrais facilement me laisser entraîner à raconter la saga des mathématiques : comment on peut prouver [2] que

$$1 + \frac{1}{4} + \frac{1}{9} + \frac{1}{16} + \cdots = \frac{\pi^2}{6}$$

etc., mais ce n'est pas ici mon propos. Ce que je viens de dire illustre deux tendances fondamentales des mathématiques : la diversification et l'unification.

Nous voyons clairement comment se produit la diversification : n'importe qui peut construire un nouvel ensemble d'axiomes et en déduire des théorèmes, créant ainsi une nouvelle branche des mathématiques. Bien sûr, il faut éviter des systèmes d'axiomes qui conduisent à des contradictions et, aux yeux des mathématiciens, certains ensembles d'axiomes paraîtront plus intéressants que d'autres. Mais il existe de nombreuses branches des mathématiques : la *géométrie* que nous avons discutée en premier, l'*arithmétique* qui s'occupe des entiers et des questions qui s'y rapportent, l'*analyse* qui est l'héritière du calcul infinitésimal de Newton et Leibnitz [3]. En outre, il existe des sujets plus abstraits appelés *théorie des ensembles, topologie, algèbre,* etc. Il semble donc que les mathématiques se désintègrent sous nos yeux en une poussière de sujets sans rapport les uns avec les autres.

Mais les sujets ne sont pas sans rapport. Nous venons de voir, par exemple, comment des nombres réels comme $\sqrt{2}$ ou π apparaissent dans des questions de géométrie. En fait, il existe une relation profonde entre les nombres réels et la géométrie euclidienne. Entre Euclide et le XIXe siècle, les nombres réels se traitaient par l'intermédiaire de la géométrie : un nombre réel était représenté comme le rapport de deux segments de droites. (Cette façon de procéder est lourde et pénible, et c'est une des raisons pour lesquelles nous avons maintenant du mal à lire les mathématiques de Newton.) Inversement, Descartes a montré comment faire de la géométrie euclidienne en utilisant les nombres réels. Nous choisissons des axes orthogonaux Ox, Oy, et représentons un point P_1 du plan par ses coordonnées x_1, y_1 (qui sont des nombres réels) ; de même pour P_2 :

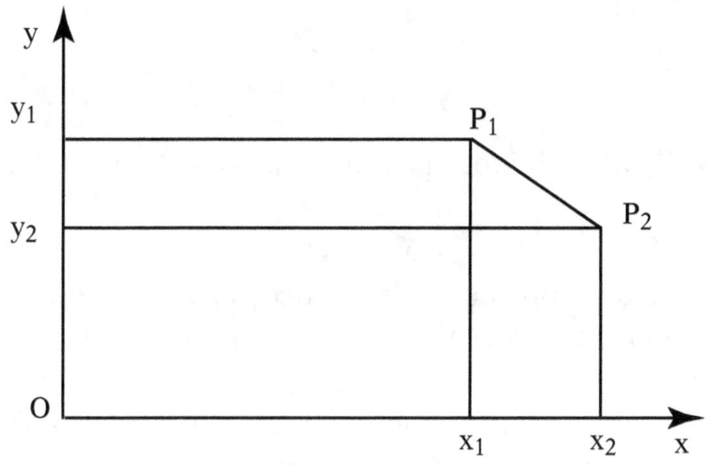

En vertu du théorème de Pythagore, la longueur du segment $P_1 P_2$ est alors $\sqrt{(x_2 - x_1)^2 + (y_2 - y_1)^2}$ et les questions de géométrie peuvent être résolues grâce à des manipulations formelles de nombres (c'est-à-dire par l'algèbre).

Dans le dessin ci-dessus, le point O a pour coordonnées 0, 0, et nous pouvons également écrire $O = (0, 0)$. De même, $P = (x, y)$ signifie que P a pour coordonnées x, y. Le cercle de rayon 1 et de centre O est constitué des points $P = (x, y)$ tels que

$$x^2 + y^2 - 1 = 0$$

Nous disons que $x^2 + y^2 = 1$ est l'équation du cercle en question (à gauche de la figure suivante).

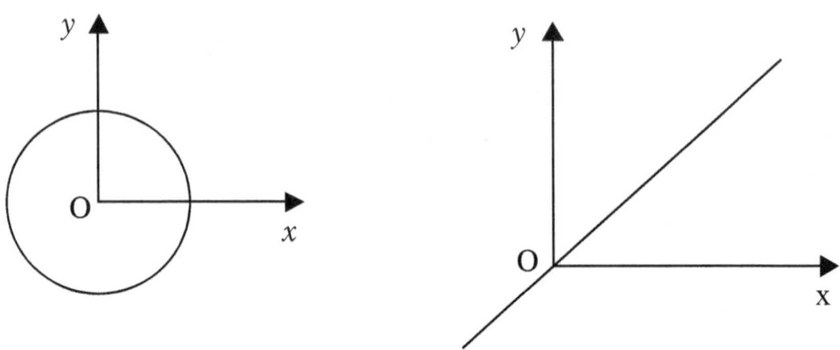

La droite oblique passant par O, à droite, a pour équation

$$x - y = 0$$

L'idée de représenter des courbes par des équations est très féconde et conduit à ce qui s'appelle la *géométrie algébrique*.

Descartes a montré comment traduire des problèmes de géométrie en problèmes concernant des nombres, à une époque où la théorie moderne des nombres réels n'avait pas encore été développée. De nos jours, nous avons une approche axiomatique, simple et efficace des nombres réels. Par contre, la description axiomatique de la géométrie euclidienne (héritée d'Euclide et rendue plus rigoureuse par Hilbert) est assez laborieuse. Ainsi, la manière efficace de traiter la géométrie euclidienne est à l'heure actuelle de partir des axiomes sur les nombres réels, d'utiliser ensuite le langage de Descartes (coordonnées cartésiennes), pour passer à la géométrie, d'établir alors comme théorèmes un certain nombre de *faits* géométriques (y compris les axiomes d'Euclide-Hilbert), et d'utiliser finalement ces *faits* pour démontrer des théorèmes de géométrie à la manière d'Euclide.

Arrivé à ce point, une rapide digression sur le rôle des axiomes dans la pratique des mathématiques me paraît nécessaire : ils sont relativement *peu importants*. Cela peut paraître surprenant après tout le mal que nous nous sommes donné pour définir les mathématiques en termes d'axiomes. Dans la pratique mathématique, le point de départ est un certain nombre de *faits* connus : ce sont soit des axiomes, soit, plus souvent, des théorèmes déjà démontrés (comme le théorème de Pythagore en géométrie euclidienne). À partir de ces faits, il devient possible de déduire de nouveaux résultats.

Nous venons de voir qu'il est possible de construire une branche des mathématiques en utilisant les axiomes d'une autre branche et des définitions appropriées. En faisant cela de manière répétée, nous pouvons espérer présenter l'entiè-reté des mathématiques comme une construction unifiée fon-dée sur un petit nombre d'axiomes. Cet espoir, qui a été l'un des moteurs des mathématiques durant les XIXe et XXe siècles, a été comblé, mais non sans crises et non sans surprises. Les noms associés à cette aventure sont ceux de Georg Cantor [4], David Hilbert, Kurt Gödel, Alan Turing [5], Nicolas Bourbaki, et beaucoup d'autres. Nous aurons l'occasion de revenir sur cette histoire, mais nous aimerions nous arrêter un instant pour examiner le cas curieux du mathématicien français Nicolas Bourbaki.

Pour des raisons historiques, la France est un pays très centralisé. En conséquence, la recherche scientifique et le monde académique ont souvent été sous la domination de quelques personnalités âgées et puissantes. Cette situation était pénible pour les jeunes chercheurs. Après un certain temps, cependant, les vieux tyrans finissent par mourir. Le pouvoir passe alors aux mains des jeunes chercheurs qui, entre-temps, ont vieilli. Après un temps, ils deviennent de vieux tyrans et la situation se répète. On peut la déplorer car les conséquences en sont souvent catastrophiques pour la science. Mais il arrive que les résultats soient excellents. Pour-quoi ? Parce que les jeunes sont libérés de responsabilités dévoreuses de temps, ce qui leur permet d'être scientifiquement productifs. Nous avons vu que, pour des raisons similaires, le niveau des sciences soviétiques a été très élevé dans certains domaines de recherche.

Ainsi, à la fin de 1934, quelques anciens élèves de l'École normale supérieure (les mathématiciens français Henri Cartan (1904-), Claude Chevalley (1909-1984), Jean Delsarte (1903-1968), Jean Dieudonné (1906-1992) et André Weil (1906-1998)), décidèrent de lutter contre les mathématiques obsolètes qui les entouraient et d'écrire un traité d'*analyse*. L'analyse contient des objets comme les *intégrales multiples* et la *formule de Stokes* dont on use quotidiennement en physique théorique. Le but de l'entreprise serait de développer l'analyse de manière totalement rigoureuse jusqu'à la formule de Stokes. Ce serait une entreprise collective et les jeunes révolutionnaires décidèrent de se cacher sous le pseudonyme de Nicolas Bourbaki (en manière de plaisanterie, d'après le nom d'un général français du XIXe siècle, le peu brillant Charles Bourbaki). Construire l'analyse sur des bases rigoureuses signifie partir d'axiomes mais pas des axiomes de l'analyse ! Comme nous l'avons vu, on voudrait construire toutes les mathématiques, y compris l'analyse, de manière unifiée à partir d'un petit nombre d'axiomes. Un siècle de réflexion mathématique a montré que le bon choix est de partir des axiomes de la *théorie des ensembles*. La théorie des ensembles traite de collections d'objets appelés *ensembles* (comme l'ensemble $\{a, b, c\}$ qui consiste en les lettres a, b, c). On peut compter le nombre d'objets d'un ensemble, rassembler différents ensembles (partant de $\{a, b, c\}$ et $\{A, B, C\}$, on obtient $\{a, b, c, A, B, C\}$). Tout cela semble très peu intéressant et très peu prometteur. Cependant, parce que c'est aussi simple, c'est un bon point de départ pour toutes les mathématiques. En théorie des ensembles, il est possible d'analyser les axiomes et les lois de déduction avec la plus grande clarté. Comment peut-on obtenir toutes les mathématiques à partir de la théorie des ensembles ? En comptant les objets d'un ensemble, on obtient les entiers 1, 2, 3,... À partir des entiers, on peut définir les fractions, puis les nombres réels, (en utilisant les idées de Dedekind et Cantor). À partir des nombres réels, on obtient la géométrie (comme nous l'avons vu). Et ainsi de suite.

Les grands traits de la tâche qui attendait les jeunes membres de Bourbaki étaient assez clairs et ils pouvaient espérer que cette tâche ne leur prendrait pas trop longtemps. En fait, de nombreux volumes de *théorie des ensembles, algèbre, topologie*, furent écrits au cours des années par plusieurs générations de mathématiciens (l'âge de la retraite de Bourbaki était fixé à cinquante ans). Ce travail a eu un impact *normatif* considérable : les notations et les terminologies ont été longuement discutées, et les aspects structurels des mathématiques examinés en détail. Rétrospectivement, il est clair que l'idéologie rigoureuse, unificatrice et systématique de Bourbaki a été une composante importante des mathématiques du XXe siècle. Même si elle n'a pas été appréciée par tout le monde.

Bien sûr, les mathématiciens qui lancèrent Bourbaki dans le milieu des années 1930 ne savaient pas où leur entreprise allait les mener. Mais ils étaient enthousiastes et vifs d'esprit ! Prenons André Weil, par exemple. À quelqu'un qui lui demande : « Puis-je vous poser une question stupide ? », il répond : « C'est ce que vous venez de faire. » À la veille de la Seconde Guerre mondiale, André Weil décida qu'un tel conflit nationaliste ne le concernait pas et tenta d'y échapper en se réfugiant en... Finlande. Là, il fut capturé, évita de justesse d'être exécuté comme espion et fut déporté en Angleterre puis en France où il faillit une fois encore être exécuté, cette fois comme déserteur. Finalement, il arriva aux États-Unis où il poursuivit une brillante carrière mathématique : son travail menant aux *conjectures de Weil* et leur démonstration subséquente par Grothendieck [6] et Deligne [7] est un grand moment des mathématiques du XXe siècle. Bien sûr, il est permis de douter du jugement politique d'André Weil en ce qui concerne la Seconde Guerre mondiale, mais il faut reconnaître son indépendance d'esprit. Celle-ci lui fut très utile dans son travail de création mathématique, où son manque de respect pour les réalisations de ses prédécesseurs dans le domaine de la *géométrie algébrique* s'est finalement révélé très sain.

Puisque nous parlons d'André Weil, il convient de mentionner sa sœur Simone qui a été, dans les milieux intellectuels européens, le membre le plus connu de la famille. C'était une philosophe et une mystique que son évolution personnelle avait conduite d'un milieu juif vers le catholicisme. Elle a décrit ses expériences sociales et religieuses dans de nombreux ouvrages qui ont eu beaucoup d'influence. Les problèmes de l'avant-guerre et les horreurs de la guerre la touchèrent profondément et elle se laissa mourir de faim. Elle mourut en Angleterre en 1943.

Et qu'advint-il de Bourbaki ? De jeune et révolutionnaire, il devint important et bien établi pour finir tyrannique et sénile. Ses deux dernières publications datent de 1983 et 1998, et il n'y en aura sans doute plus d'autres. Bourbaki est mort [8]. Les membres survivants de la période créative de Bourbaki sont maintenant de vieux mathématiciens, couverts d'honneurs pour la plupart. Les mathématiques ont intégré les idées de Bourbaki, puis ont poursuivi leur chemin.

6

*Un coup d'œil
sur la géométrie algébrique
et l'arithmétique*

Si l'on voulait faire une liste des dix plus grands mathématiciens du XXe siècle, on ne pourrait pas éviter de mentionner le nom de David Hilbert. On pourrait y ajouter ceux de Kurt Gödel (bien que ce soit un logicien plutôt qu'un mathématicien) et d'Henri Poincaré [1] (bien qu'il appartienne peut-être plutôt au XIXe siècle qu'au XXe). Au-delà de ces deux ou trois noms, les choses deviennent plus difficiles et différents mathématiciens pourraient établir des listes assez différentes. Nous sommes encore trop proches du XXe siècle et manquons de recul. Il arrive qu'un mathématicien reçoive un prix prestigieux pour la démonstration d'un théorème important et qu'ensuite sa réputation pâlisse. Dans d'autres cas, l'œuvre d'un mathématicien peut, rétrospectivement, s'avérer d'une importance capitale pour le développement des mathématiques et son nom prendre place parmi les grands noms de la science. Parmi ces noms que le temps a fait grandir figure celui d'Alexandre Grothendieck. Grothendieck était mon collègue, en France, à l'Institut des hautes études scientifiques (IHES) et, bien que je n'aie jamais été proche de lui, nous avons été entraînés ensemble dans une série d'événements qui ont conduit à son départ de l'IHES et à son exclusion de la communauté mathématique – qu'il a lui-même précipitée. On pourrait dire qu'il a rejeté ses anciens amis de la communauté mathématique française et qu'ils l'ont rejeté. Je raconterai plus loin ce rejet mutuel.

Avant cela, je voudrais dire un mot des mathématiques de Grothendieck, la dernière grande œuvre mathématique en français, les milliers de pages des *Éléments de géométrie algébrique* et du *Séminaire de géométrie algébrique*. Grothendieck a commencé sa carrière avec des problèmes d'analyse, et apporté dans ce domaine des contributions d'une importance durable. Mais le grand œuvre de sa vie concerne la géométrie algébrique. Il s'agit d'un travail très technique que son importance rend visible même aux non-spécialistes, un peu comme le sommet d'une très haute montagne peut être vu de loin, même par ceux qui sont bien incapables de l'escalader.

Comme nous l'avons vu, la géométrie algébrique a débuté avec la description des courbes dans le plan par des équations que nous pouvons symboliser par :

$$p(x,\ y) = 0$$

Un point $P = (x,\ y)$ de la courbe a pour coordonnées x, y. Dans les exemples que nous avons considérés précédemment, les coordonnées satisfaisaient aux équations $x^2 + y^2 - 1 = 0$ (cercle) ou $x - y = 0$ (droite). À la place de $x^2 + y^2 - 1$ ou de $x - y$, nous considérons maintenant, de manière plus générale, un polynôme $p(x,\ y)$, c'est-à-dire une somme de termes $a\ x^k\ y^l$ où x^k est la puissance k de x, y^l est la puissance l de y, k et l sont des entiers non négatifs et le coefficient a est un nombre réel. Si $k + l$ peut prendre seulement les valeurs 0, 1, nous avons un polynôme de la forme

$$p(x,\ y) = a + bx + cy$$

On dit que ce polynôme est de degré 1 et la courbe décrite par $p(x, y) = 0$ est une *droite*. Si $k + l$ peut prendre les valeurs 0, 1, 2, nous avons un polynôme de degré 2 :

$$p(x, y) = a + bx + cy + dx^2 + exy + fy^2$$

On dit que ce polynôme correspond à une *conique*. Les courbes appelées coniques (ou sections coniques) ont été étudiées par les géomètres grecs tardifs et comprennent les ellipses, les hyperboles et les paraboles.

Décrire des courbes par des équations permet de passer facilement de la géométrie aux calculs avec des polynômes et réciproquement. Prenons le fait géométrique suivant : par 5 points donnés du plan, il ne passe en général qu'une seule conique ; ou le théorème plus précis : *si 2 coniques ont 5 points en commun, elles en ont une infinité*. Ce théorème de géométrie est assez subtil, mais se traduit en une propriété des solutions des équations polynomiales qui possède un sens plus naturel pour les mathématiciens modernes [2]. De manière générale, on peut dire que la combinaison du langage et de l'intuition géométrique avec la manipulation algébrique des équations s'est avérée remarquablement fructueuse.

La manière de développer une branche des mathématiques est souvent dictée aux mathématiciens par le sujet lui-même, comme s'il leur était dit : regardez une telle généralisation, posez telle définition et vous obtiendrez une théorie plus belle, plus naturelle. C'est ce qui s'est passé en géométrie algébrique : la manière de développer le sujet a été imposée aux mathématiciens par le sujet lui-même. Par exemple, nous avons utilisé des points $P = (x, y)$ dont les coordonnées x, y sont des nombres réels, mais certains théorèmes ont une formulation plus simple si nous permettons à x et y d'être complexes. Pour cette raison, la géométrie algébrique classique utilise largement des nombres complexes, plutôt que des nombres réels. Cela signifie qu'en plus des points réels d'une courbe, on considère également les points complexes, et il est naturel d'introduire également les *points à l'infini*. On souhaite bien sûr étudier non seulement les courbes du plan, mais aussi les courbes (et les surfaces) dans l'espace à trois dimensions et passer à des espaces de dimensions supérieures. Ceci oblige à considérer, au lieu d'une équation, un ensemble de plusieurs équations qui définissent une *variété algébrique*. Comme on vient de le voir, on peut définir les variétés algébriques par des équations dans le plan ou dans un espace de dimension supérieure. Mais il est aussi possible d'oublier l'espace environnant et d'étudier les variétés sans référence à ce qui les entoure. C'est Riemann qui a introduit cette manière de penser au XIXe siècle et elle l'a conduit à une théorie intrinsèque des courbes algébriques complexes.

L'étude des variétés algébriques constitue le sujet de la géométrie algébrique. C'est un sujet technique et difficile, mais il est cependant possible d'esquisser à grands traits son développement.

J'ai dit qu'il est intéressant de développer la géométrie algébrique avec les nombres complexes plutôt qu'avec les nombres réels. Il est possible d'additionner, de soustraire, de multiplier et de diviser les nombres réels de la manière habituelle (la division par 0 n'est pas autorisée) ; on dit que les nombres réels forment un *corps* : le corps des réels. De même les nombres complexes forment le corps des complexes. Il existe beaucoup d'autres corps, certains avec un nombre fini d'éléments (*corps finis*). Il est possible de développer la géométrie algébrique à partir d'un corps arbitraire, et c'est ce qu'André Weil a fait systématiquement.

Mais pourquoi passer des nombres réels ou complexes à un corps arbitraire ? Pourquoi vouloir généraliser sans cesse ? Voici un exemple en guise de réponse : au lieu de dire que $2 + 3 = 3 + 2$ ou $11 + 2 = 2 + 11$, les mathématiciens préfèrent affirmer que $a + b = b + a$. C'est aussi simple et, étant plus général, c'est également plus utile. Énoncer les choses au bon niveau de généralité est un art. Cet art trouve sa récompense dans l'obtention d'une théorie plus naturelle et générale et aussi, ce qui est très important, parce qu'on arrive à répondre à des questions qui pouvaient être énoncées mais qui ne pouvaient pas être résolues dans une théorie moins générale.

Arrivé à ce point, je voudrais passer de la géométrie algébrique à un sujet en apparence très différent : l'arithmétique. L'arithmétique cherche par exemple à trouver des entiers x, y, z tels que :

$$x^2 + y^2 = z^2$$

Une solution est $x = 3$, $y = 4$, $z = 5$; il y a d'autres solutions que les Grecs connaissaient déjà. Que se passe-t-il si nous remplaçons les carrés x^2, y^2, z^2 par des puissances n avec n > 2 ?

Le « dernier théorème de Fermat » affirme que l'équation :

$$x^n + y^n = z^n$$

n'a pas de solution pour des entiers positifs x, y, z si n > 2. En 1637, Pierre Fermat [3] pensa qu'il avait une preuve de cette affirmation (appelée plus tard le « dernier théorème de Fermat »), mais il s'était sans doute trompé, et ce n'est qu'en 1995 qu'une démonstration exacte a été publiée par Andrew Wiles [4]. Cette démonstration est extrêmement longue et difficile, et on est en droit de se demander si un tel effort se justifiait pour prouver un résultat qui n'a aucun intérêt pratique. En effet, l'intérêt principal du dernier théorème de Fermat réside dans le fait qu'il est très difficile à prouver et s'énonce pourtant de manière très simple. Cela dit, c'est une conséquence parmi d'autres du prodigieux développement de l'arithmétique au cours de la seconde moitié du XXe siècle.

Fondamentalement, l'arithmétique est l'étude des nombres entiers, et un problème central de l'arithmétique est la résolution d'équations polynomiales (par exemple $p(x, y, z) = 0$, où nous pourrions avoir $p(x, y, z) = x^2 + y^2 - z^2$, en termes de nombres entiers, c'est-à-dire x, y, z entiers). Présentée de cette façon, l'arithmétique paraît très semblable à la géométrie algébrique : on essaie de résoudre des équations polynomiales avec des nombres entiers plutôt qu'avec des nombres complexes. Est-il possible d'unifier la géométrie algébrique et l'arithmétique ? En réalité, il existe une profonde différence entre les deux sujets due aux propriétés des nombres entiers qui sont très différentes de celles des nombres complexes. Par exemple, si $p(z)$ est un polynôme en une variable z, il existe toujours une valeur complexe de z telle que $p(z) = 0$ (ce fait est connu sous le nom de *théorème fondamental de l'algèbre*). Rien de tel n'est vrai pour les entiers. Pour résumer (très) brièvement, il est possible d'unifier la géométrie algébrique et l'arithmétique, mais au prix d'une refondation du sujet. La géométrie algébrique doit être reconstruite sur une base (beaucoup) plus générale. Cette refondation fut le grand œuvre d'Alexandre Grothendieck.

À l'époque où Alexandre Grothendieck commença à travailler dans ce domaine, une idée puissante avait été introduite en géométrie algébrique : au lieu de considérer une variété algébrique comme un ensemble de points, mieux valait s'intéresser aux « bonnes » fonctions sur la variété ou une partie de la variété. Plus précisément, ces fonctions sont des quotients de polynômes et ont un sens sur les parties de la variété où les dénominateurs ne s'annulent pas. Les bonnes fonctions que nous venons de mentionner peuvent s'additionner, se soustraire et se multiplier, mais la division n'est en général pas possible (elle ne donne pas une bonne fonction). Les bonnes fonctions ne forment pas un corps, mais ce qu'on appelle un *anneau*. L'idée de Grothendieck était de partir d'anneaux arbitraires et de voir dans quelle mesure ils pourraient se comporter comme des anneaux de bonnes fonctions en géométrie algébrique, et quelles conditions devraient être introduites pour que les résultats de la géométrie algébrique restent valables, au moins partiellement.

Le programme de Grothendieck était d'une généralité, d'une ampleur et d'une difficulté décourageantes. Rétrospectivement, nous savons combien cette entreprise a été couronnée de succès, mais le courage et la force nécessaires pour mettre en route ce projet commandent le respect. Avec le recul du temps, nous savons que quelques-unes des plus grandes réalisations mathématiques de la fin du XXe siècle reposent sur la vision de Grothendieck. C'est le cas de la démonstration des conjectures de Weil et, généralement, d'une nouvelle compréhension de l'arithmétique qui a permis la démonstration du dernier théorème de Fermat.

Ces applications des idées de Grothendieck ont cependant largement été l'œuvre d'autres mathématiciens et ont vu le jour après qu'il eut abandonné les mathématiques. Dans le prochain chapitre, j'essayerai de décrire ce qui s'est passé. Cependant, l'histoire est certainement en partie celle-ci : la passion de Grothendieck était de développer des idées générales et nouvelles, de révéler des paysages mathématiques grandioses. Pour cela, il était à la fois puissant et habile. Mais l'habileté n'était pas son but. On peut regretter qu'il ait laissé derrière lui une construction inachevée, mais il préférait créer des théories générales plutôt que d'y ajouter soigneusement des détails. Notre grande perte n'est pas dans l'inachèvement de son œuvre, mais dans le fait que nous ne savons pas quelles autres perspectives il aurait pu ouvrir dans nos connaissances s'il n'avait pas abandonné les mathématiques – ou s'il n'avait pas été abandonné par elles.

7

Un voyage à Nancy
avec d'Alexandre Grothendieck

L'IHES, où je suis entré en contact avec Grothendieck, est un petit institut de recherche en mathématiques et physique théorique situé non loin de Paris. Il a été créé à la fin des années 1950 par Léon Motchane comme une institution dépendant de fonds privés destinée à permettre à un petit nombre de scientifiques de poursuivre leur travail sans autres préoccupations. Motchane, un ancien homme d'affaires excentrique, était né avec le siècle à Saint-Pétersbourg (il n'a jamais utilisé le nom Leningrad). Lorsque je l'ai rencontré, en 1964, c'était un vieux monsieur distingué qui avait fait beaucoup de choses dans sa vie. Avant d'entrer dans les affaires, il avait étudié les mathématiques (avec Paul Montel [1]). Pendant la Seconde Guerre mondiale, il fit partie de la résistance française contre les nazis [2]. Il passa également une partie de sa vie en Afrique. Questionné sur ce qu'il y avait fait, je me souviens l'avoir entendu répondre : « Permettez à un vieil homme d'oublier certaines choses… » Une partie de la petite histoire derrière la fondation de l'IHES fut l'idylle bien cachée entre Léon Motchane et Annie Rolland : il fut le premier directeur et elle la première secrétaire générale. Tous deux prirent leur retraite en 1971 puis se marièrent, en surprenant plus d'un. Leur dévouement et les bons conseils que Motchane reçut de gens comme le mathématicien français Henri Cartan et le physicien américain Robert Oppenheimer [3] assurèrent le succès initial de l'Institut et l'âge d'or des années 1960 et 1970.

Je demande au lecteur d'imaginer qu'au début des années 1960, les mathématiques à l'IHES étaient représentées par le jeune René Thom [4] et le jeune Alexandre Grothendieck ! Alors que la qualité scientifique était éblouissante, l'endroit me paraissait à l'époque sans prétention et totalement dénué de prestige : personne n'était académicien et aucun des scientifiques n'avait de cheveux gris (Motchane avait une chevelure blanche très distinguée). Il peut paraître étrange que je qualifie l'IHES de « dénué de prestige », alors que René Thom avait reçu la médaille Fields (la distinction mathématique alors la plus prestigieuse). Cependant, la médaille Fields jouait un rôle moins important à l'époque que maintenant, particulièrement en France. De plus, bien que Thom et Grothendieck aient eu des ambitions intellectuelles considérables, ils n'étaient pas à la recherche du prestige pour lui-même. Parmi les souvenirs que j'ai de cette époque, il me vient à l'esprit qu'un jour où Grothendieck assistait au séminaire de Thom (c'était inhabituel), il posa une question à laquelle Thom répondit de manière confuse, selon son habitude. Grothendieck remarqua alors que cette réponse était l'erreur habituelle des débutants ! Il serait exagéré de dire que ce commentaire fit plaisir à Thom, mais il n'en fut pas affecté outre mesure. Tous les scientifiques présents étaient jeunes et assez décontractés. L'Institut, à l'époque, était nouveau, se situait hors du système français et n'avait pas de tradition que nous aurions dû maintenir. Il y avait pour chacun une grande chance de poursuivre sa quête intellectuelle jusqu'au bout et, de manières diverses, c'est ce que nous avons tous fait.

Alexandre Grothendieck est né à Berlin en 1928 [5]. Son père avait été un révolutionnaire russe qui, n'étant pas bolchevik, quitta la Russie après le triomphe de Lénine. Le père prit alors part à différents conflits européens. Il était avec les républicains espagnols lorsqu'ils furent défaits par Franco, après quoi il trouva refuge en France.

À l'approche de la guerre, les autorités françaises l'enfermèrent dans un camp. Plus tard, elles le livrèrent aux Allemands et il fut envoyé à Auschwitz où il trouva la mort. Alexandre Grothendieck n'a guère connu son père, mais un portrait à l'huile de ce dernier ornait dans les années 1960 le petit bureau qu'il occupait, au-dessus de la cuisine de l'IHES. Il a passé sa jeunesse en partie en Allemagne, en partie en France, en partie en liberté, en partie caché, en partie dans un camp.

À la fin de la guerre, Grothendieck a commencé des études de mathématiques à l'université de Montpellier où il est resté de 1945 à 1948. Il n'était guère satisfait du niveau de rigueur de l'enseignement et, ignorant le concept d'intégrale de Lebesgue (qui date de 1902), il redéveloppa sa propre théorie de la mesure. En 1948, il se rend à Paris où il est confronté au monde mathématique moderne. Il suit les cours et le *séminaire* d'Henri Cartan et rencontre également Jean-Pierre Serre, Claude Chevalley et Jean Leray (1906-1998). Ces mathématiciens ont tous eu une profonde influence sur le jeune Grothendieck. Ensuite il passe quelque temps, de 1949 à 1953, à Nancy (une bien meilleure université que Montpellier, à l'époque) et est reconnu comme un mathématicien de haut niveau pour ses travaux sur l'analyse fonctionnelle. Ensuite, il voyage pendant quelques années (Sao Paulo, Kansas). Au moment où il rejoint l'IHES, en 1958, son intérêt s'est déplacé de l'analyse fonctionnelle vers la géométrie algébrique et l'arithmétique. Pendant plus de dix ans, il travaille comme un titan à ses *Éléments de géométrie algébrique*, organisant le mardi, à l'IHES son « séminaire de géométrie algébrique » fréquenté par une fraction importante de l'élite mathématique française. En dehors des mardis où il venait à l'Institut, il travaillait chez lui. Il travaillait énormément. Ses capacités de travail exceptionnelles étaient couplées à deux qualités essentielles pour un mathématicien créatif : une technique sûre et de l'imagination. De plus, le sujet dans lequel il était maintenant engagé, la géométrie algébrique et l'arithmétique, avait les dimensions appropriées à son génie. Mais il y avait d'autres circonstances favorables : il n'assumait aucune charge administrative ni d'enseignement ; il passait peu de temps à lire des articles d'autres mathématiciens : leur contenu lui était expliqué par des collègues. Un dernier atout extraordinaire était la présence à ses côtés de Jean Dieudonné [6]. Dieudonné, mathématicien de haut niveau et membre de Bourbaki, avait lui aussi une capacité de travail énorme. Capable de comprendre ses idées et de les exprimer dans des textes mathématiques clairs, il accepta de servir de secrétaire scientifique à Grothendieck. Telles étaient les circonstances dans lesquelles a eu lieu le miracle que constitue la contribution de Grothendieck aux mathématiques.

Grothendieck s'exprimait en français, langue qu'il utilisait également pour faire des mathématiques, mais sa langue maternelle était l'allemand. Le portrait de son père était accroché dans son bureau, mais il n'attachait pas d'importance à son ascendance paternelle juive et utilisait le nom de sa mère, Hanka Grothendieck. Le père avait combattu dans des guerres révolutionnaires, mais le fils était farouchement antimilitariste. Alexandre Grothendieck vivait en France, mais avait choisi de rester apatride (jusqu'en 1980). Il jouait un rôle central dans la communauté mathématique française, mais n'avait pas le bon pedigree : il n'était pas ancien élève de l'École normale. Tout cela peut s'expliquer de manière subtile, mais témoigne d'un fait très simple : Grothendieck a choisi de manière délibérée d'être ce qu'il était. Il pouvait également changer d'avis, après mûre réflexion. Être un mathématicien était son choix. Faire partie de l'élite fermée des mathématiciens parisiens ne l'était pas, et plus tard il s'est montré très irrité d'avoir été piégé dans cette situation.

Mes intérêts scientifiques étaient fort éloignés de ceux de Grothendieck, mais je l'ai assez bien connu puisque nous étions collègues entre 1964 et 1970. C'était un bel homme, au crâne entièrement rasé. Son courage était manifeste et il n'essayait pas d'échapper aux situations difficiles. Ce courage s'est exprimé particulièrement dans ses confrontations avec Motchane. Grothendieck n'était pas spécialement agressif et il était toujours prêt à discuter, mais il refusait d'accepter des arguments qu'il ne trouvait pas convaincants. Sans aucun doute, il avait du charme et des questions morales comme l'antimilitarisme par exemple étaient importantes pour lui. Cependant, il pouvait manquer de sensibilité et même se montrer brutal. Si je le compare à d'autres mathématiciens, je dirais qu'il avait une personnalité plus riche que la plupart d'entre eux [7] et, en même temps, une certaine rigidité intellectuelle qui leur est fréquente. Cela m'arrangeait de ne pas être trop proche d'une aussi forte personnalité, mais je dois admettre que j'avais de la sympathie pour l'homme, au-delà de l'admiration que j'avais pour le mathématicien. Les hommes qui ont des préoccupations morales et du courage sont rares. À cet égard, les scientifiques ne valent pas mieux que le commun des mortels.

Intellectuellement, l'IHES était un endroit fantastique lorsque j'y suis arrivé en 1964. Cependant, il y avait aussi des difficultés. Une des premières choses que j'ai apprises (de René Thom), c'est que les professeurs n'étaient pas toujours payés régulièrement. Ensuite, l'IHES dut vendre certains de ses actifs pour survivre (si bien que j'ai dû emprunter de l'argent pour racheter l'appartement où je logeais). Les professeurs de l'époque, René Thom, Louis Michel [8], Alexandre Grothendieck et moi-même étions pleinement conscients du dévouement total de Motchane, mais son comportement de plus en plus erratique nous inquiétait et la question de sa succession commençait à se poser. En 1969, nous nous réunîmes à plusieurs reprises et finalement (dans la salle à manger de Louis Michel), nous écrivîmes une lettre à Motchane, lui demandant officiellement de convoquer une réunion du comité scientifique de l'IHES pour discuter de la situation. Cette initiative fut mal reçue et la situation se dégrada rapidement. Motchane contre-attaqua, manipulant les faits sans beaucoup d'égards pour la vérité, menaçant de fermer l'Institut, etc. Il nous présenta un jour un extrait du compte rendu d'une réunion récente du comité, au cours de laquelle nous étions supposés avoir prolongé son mandat pour quatre ans. Personne ne se souvenait de cette décision et nous n'avons jamais vu le compte rendu dans lequel figurait cet « extrait ». Motchane essaya également d'organiser sa propre succession sans en référer au comité scientifique (ce qui était contraire aux statuts de l'IHES). Des collègues étrangers nous informèrent qu'ils avaient été pressentis par Motchane, qui leur avait demandé de ne pas nous en parler. Ils le firent néanmoins, mais en nous demandant de ne pas en faire état auprès de Motchane... À cette époque, nous avons regardé attentivement les statuts de l'IHES, établis par Motchane et, à première vue, très généreux pour les professeurs, mais nous sommes arrivés à la conclusion qu'ils ne permettaient pas de forcer le directeur à faire autre chose que ce qu'il avait envie de faire. Au cours de cette période confuse, Grothendieck découvrit que l'IHES avait reçu de l'argent du ministère de la Défense et annonça qu'il se verrait obligé de donner sa démission si cette situation se prolongeait. Cependant, l'aide militaire à l'IHES arrivait à son terme, ce qui mit fin à l'incident.

Mandatés par Michel et Thom, Grothendieck et moi-même nous sommes rendus à Nancy, le 20 février 1970, pour y rencontrer le président du conseil d'administration. Ce voyage n'avait guère de sens, mais il m'a donné l'occasion de passer plusieurs heures dans le train en compagnie de Grothendieck. Nous avons parlé de physique théorique. Il m'a posé des questions réfléchies et a commenté mes réponses avec beaucoup d'attention. À la même époque, il se documentait aussi sur la biologie, avec l'aide de son ami Mircea Dumitrescu. Comme c'est le cas pour beaucoup de gens à l'approche de la quarantaine, et sous l'influence déstabilisante des événements de mai 1968 en France, il est clair que Grothendieck remettait en question l'orientation de sa vie. Il n'avait simplement pas l'intention de poursuivre indéfiniment son travail sur les fondements de la géométrie algébrique. Il dit même qu'il abandonnait les mathématiques. Ce qui ne l'a pas empêché de produire des travaux très importants par la suite, en dépit de conditions défavorables.

Revenons à l'IHES au début de 1970. L'atmosphère se détériorait, mais nous pensions que les choses finiraient par s'améliorer. Je me souviens d'avoir rencontré Grothendieck dans le métro (à Massy-Palaiseau) et de l'avoir entendu me dire : « En ce moment, nous sommes tous embêtés par cette histoire de Motchane, mais dans quelques années, on en rigolera. » Ce n'est pourtant pas ce qui est arrivé. Dans les discussions avec Motchane, Grothendieck avait davantage son franc-parler que le reste d'entre nous. En conséquence, Motchane pensait sans doute qu'il était notre « meneur » et provoquait Grothendieck. À un moment donné, Grothendieck sembla avoir décidé que la plaisanterie avait assez duré et lors d'une de nos réunions avec Motchane, il lui lança : « Vous êtes un fieffé menteur, monsieur Motchane » [9] (je ne me souviens pas de la raison précise de cette accusation). À la suite de cet incident, Motchane déclara que l'IHES recevait à nouveau des subsides militaires et Grothendieck donna sa démission.

Après cela, j'ai perdu Grothendieck de vue. Il s'était engagé dans un petit groupe antinucléaire, il voyageait et il essaya de manière répétée d'obtenir une position académique de bon niveau en France. Ces efforts furent, en grande partie, vains : il dut se contenter d'un poste d'enseignant à l'université de Montpellier où il avait été étudiant en 1945. En 1981, il parle d'un « coup de poing en pleine gueule » lorsque sa candidature à un poste de professeur est rejetée par une commission qui comprend trois de ses anciens élèves. Bien qu'isolé de la communauté de la recherche, il avait des accès d'activité mathématique fébriles, écrivant des centaines de pages qui ont circulé en privé mais n'ont été publiées qu'en partie.

Entre 1983 et 1986, Grothendieck a travaillé au long texte des *Récoltes et Semailles* : plus de 1 500 pages de réflexions sur la vie et les mathématiques. C'est un texte très varié, dont certaines parties rappellent le *De profundis* d'Oscar Wilde, alors que d'autres contiennent des attaques paranoïdes contre certains de ses anciens étudiants et amis accusés d'avoir trahi son *œuvre* et son message scientifique. Ces attaques sont souvent trop personnelles et mettent le lecteur mal à l'aise. Elles sont, sans aucun doute, en partie injustes, en partie vraies. *Récoltes et Semailles* a circulé en privé, mais Grothendieck n'a pas réussi à faire éditer le manuscrit sous forme de livre [10]. Certaines parties du texte ont une profondeur et une beauté étranges. Il restera un document important pour la compréhension d'une période cruciale de l'histoire des mathématiques.

En 1988, Grothendieck atteignit l'âge de soixante ans et prit une retraite anticipée de l'université de Montpellier. La même année, il « gagna » la moitié d'un important prix mathématique [11] qu'il refusa. On lui offrit également trois volumes de *Festschrift* [12], dont il dit qu'il remerciait ceux qui n'y avaient pas contribué.

En 1990, Grothendieck envoya une lettre annonçant qu'il allait écrire et publier un livre prophétique cette même année. Les deux cent cinquante personnes qui reçurent cette lettre devaient se préparer à une grande mission ordonnée par Dieu... Le livre annoncé ne parut jamais et, depuis, Grothendieck garde le silence.

Depuis son départ en retraite, Grothendieck a vécu toujours davantage en reclus. Il a été attiré par le bouddhisme et pratique un régime végétarien très strict. Son lieu de résidence actuel n'est pas officiellement connu et, lorsque j'ai demandé de ses nouvelles (en 2000) à l'un des derniers amis avec lesquels il avait gardé contact, il m'a seulement répondu : « Il médite. »

Il peut être difficile d'imaginer qu'un mathématicien du calibre de Grothendieck n'ait pas pu trouver de poste académique adéquat en France après son départ de l'IHES. Je suis convaincu que si Grothendieck avait été un ancien élève de l'École normale, s'il avait fait partie du système, on lui aurait trouvé une position digne de sa contribution aux mathématiques. Je voudrais faire ici une courte digression. Lorsque Pierre-Gilles de Gennes [13] reçut le prix Nobel en 1991, il y eut une cérémonie officielle en son honneur à la Sorbonne avec des discours de De Gennes lui-même et de Lionel Jospin, alors ministre de l'Éducation nationale. À cette occasion, de Gennes stigmatisa le *corporatisme* comme la plaie de la science française. Cela s'applique certainement à la physique et plus encore aux mathématiques. Ce que cela signifie, c'est qu'il est de la plus grande importance de savoir si vous êtes un ancien élève de l'École normale ou de l'École polytechnique, dans quel labo vous avez obtenu un poste, si vous êtes chercheur au CNRS, membre de l'Académie, et peut-être d'un parti politique bien choisi. Si vous appartenez à l'un quelconque de ces groupes, il vous aidera et vous devrez le soutenir. Grothendieck, lui, n'était rien, n'ayant pas même, à l'époque, la nationalité française, ni aucune autre d'ailleurs. Personne n'était responsable de lui, il constituait seulement un problème embarrassant.

De manière compréhensible, certains voudraient rejeter sur Grothendieck l'entière responsabilité de son exclusion : il est devenu fou et a quitté les mathématiques. Mais ceci ne tient pas compte des faits et de leur chronologie. Il s'est passé quelque chose de peu honorable. Et l'élimination de Grothendieck restera une tache dans l'histoire des mathématiques du XXe siècle.

8

Structures

De ce que nous avons vu, il ressort que les mathématiques possèdent une nature double. D'une part, elles peuvent être développées en utilisant un langage formel, des lois de déduction strictes et un système d'axiomes. Tous les théorèmes peuvent être obtenus et vérifiés mécaniquement. C'est ce que nous appellerons l'aspect *formel* des mathématiques. D'autre part, la pratique des mathématiques repose sur des *idées*, comme l'idée de Klein sur les différentes géométries. C'est ce que nous pouvons appeler l'aspect *conceptuel* ou *structurel*.

Un exemple de considération structurelle nous est apparu lors de l'étude du « théorème du papillon » au chapitre 4. Nous avons alors vu combien il est important de savoir à quel type de géométrie appartient un théorème, lorsqu'il s'agit de le démontrer. Mais le concept de géométrie projective n'est pas explicite dans les axiomes qui sont généralement utilisés pour les fondements des mathématiques. Dans quel sens la géométrie projective est-elle présente dans les axiomes de la théorie des ensembles ? Quelles sont les structures qui donnent un sens aux mathématiques ? Dans quel sens la statue est-elle présente dans le bloc de pierre avant que le ciseau du sculpteur ne l'en dégage ?

Avant de discuter les structures, il convient de regarder d'un peu plus près les *ensembles* qui jouent un rôle si fondamental dans les mathématiques modernes. Passons d'abord en revue quelques notions intuitives, quelques notations et la terminologie de base. L'ensemble $S = \{a, b, c\}$ est une collection d'objets a, b, c appelés « éléments de l'ensemble S ». L'ordre dans lequel les éléments sont présentés n'a pas d'importance. Pour exprimer que a est un élément de S, on écrit $a \in S$. Les ensembles $\{a\}$ et $\{b, c\}$ sont des *sous-ensembles* de $\{a, b, c\}$. L'ensemble $\{a, b, c\}$ est fini (il contient 3 éléments), mais il existe aussi des ensembles infinis. Par exemple, l'ensemble $\{0, 1, 2, 3,...\}$ des entiers naturels, ou l'ensemble des points sur un cercle sont des ensembles infinis. Étant donné des ensembles S et T, supposons que pour chaque élément x de S un (unique) élément $f(x)$ de T soit donné. Nous disons alors que f est une *application* de S dans T. On peut également dire que f est une *fonction* définie sur S et avec des valeurs dans T. On peut, par exemple, définir une application de l'ensemble $\{0, 1, 2,...\}$ des entiers naturels dans lui-même, telle que $f(x) = 2x$. D'autres applications ou fonctions des entiers naturels avec des valeurs dans les entiers naturels sont données par

$$f(x) = xx = x^2 \ ou \ f(x) = x... \ x = x^n$$

Le concept général de fonction (ou d'application) a émergé lentement dans l'histoire des mathématiques, mais il est au centre de notre compréhension actuelle des structures mathématiques [1].

Les mathématiciens ont essayé de manière répétée de définir avec précision et généralité les structures qu'ils emploient. Le programme d'Erlangen de Klein est un pas dans cette direction. Les structures considérées par Klein étaient géométriques, associées chacune à une famille d'applications : congruences (pour la géométrie euclidienne), transformations affines (pour la géométrie affine), transformations projectives, et ainsi de suite. Le très idéologique Bourbaki donne une définition des structures fondée sur les ensembles. Je vais essayer de donner une description informelle de l'idée de Bourbaki. Supposons que nous voulions comparer des objets de taille différente. Nous écrivons $a \leq b$ pour indiquer que a est inférieur ou égal à b. (Certaines conditions doivent être satisfaites, par exemple si $a \leq b$ et $b \leq c$, alors $a \leq c$.) Nous voulons donc définir une structure d'*ordre* ($\leq$ est appelé un ordre). Pour ce faire, nous avons besoin d'un ensemble S d'objets a, b,... que nous allons comparer. Ensuite, nous pouvons également introduire un autre ensemble T formé de paires d'éléments a, b de S : les paires pour lesquelles $a \leq b$. (Nous serons peut-être amenés à considérer également d'autres ensembles, pour imposer la condition que si $a \leq b$ et $b \leq c$, alors $a \leq c$...). En bref, nous considérons un certain nombre d'ensembles S, T,... dans une certaine relation (T est constitué de paires d'éléments de S) et cela définit une *relation d'ordre* sur l'ensemble S. D'autres structures sont définies de manière semblable sur l'ensemble S en introduisant à chaque fois divers ensembles qui se trouvent dans une relation particulière vis-à-vis de S. Supposons, par exemple, que l'ensemble S a une structure qui permet d'additionner ses éléments, c'est-à-dire que pour chaque couple d'éléments a, b il existe un troisième élément c pour lequel nous pouvons écrire $a + b = c$. La structure à définir sur S devra prendre en considération un nouvel ensemble T constitué de triplets d'éléments de S : les triplets *(a, b, c)* pour lesquels $a + b = c$. Les traités de mathématiques donnent la définition de nombreuses structures comme *structure de groupe*, *topologie de Hausdorff*, etc. Ces structures sont à la base de l'algèbre, de la topologie, et des mathématiques modernes en général.

Dotons l'ensemble S d'une relation d'ordre, de même pour l'ensemble S'. Supposons que nous avons un moyen d'associer à chaque élément a, b,... de S un élément a', b',... de S'. En langage mathématique, nous dirons que nous avons une application de S dans S' envoyant les éléments a, b, c,... de S sur les éléments a', b', c', ... de S'. Supposons que, si $a \leq b$, alors $a' \leq b'$, c'est-à-dire que l'application conserve l'ordre. Utilisons une flèche pour indiquer cette application de S dans S' :

$$S \to S'$$

De manière plus générale, on écrit souvent $S \to S'$ pour indiquer le passage d'un ensemble avec une certaine structure à un ensemble qui possède une structure similaire, tout en respectant cette structure (dans l'exemple ci-dessus, c'est la structure d'ordre qui est respectée). En langage technique, la flèche est dite représenter un *morphisme*. (Par exemple, si S et S' ont une structure où des éléments peuvent être additionnés, et le morphisme $S \to S'$ envoie les éléments a, b, c,... de S vers les éléments a', b', c'... de S', alors $a + b = c$ doit entraîner $a' + b' = c'$.) Si nous considérons des ensembles sans structure additionnelle, les morphismes $S \to S'$ ne sont autres que les applications de S dans S'.

Une idée naturelle est de considérer maintenant tous les ensembles avec un certain type de structure et tous les morphismes correspondants : on parle alors de *catégorie*. Il y a donc une catégorie des ensembles dont les morphismes sont les applications, une catégorie des ensembles ordonnés, où les morphismes sont les applications que préservent l'ordre, une catégorie des groupes, etc. Dans cette manière de voir les choses, il est utile de pouvoir appliquer les objets d'une catégorie dans les objets d'une autre catégorie, tout en préservant les morphismes. Lorsque c'est le cas, on dit qu'on a un *foncteur* d'une catégorie vers une autre. Les catégories et les foncteurs ont été introduits vers 1950 par Eilenberg et MacLane [2] et sont rapidement devenus des objets conceptuels importants en topologie et en algèbre. On peut considérer les catégories et les foncteurs comme la base idéologique d'une partie importante des mathématiques de la fin du XXe siècle, utilisés de manière systématique par des mathématiciens comme Grothendieck.

En résumé, nous pouvons dire que les structures et leurs relations apparaissent comme une préoccupation constante, en arrière-plan idéologique dans d'importants domaines des mathématiques de la fin du XXe siècle. Certaines questions seront systématiquement posées, certaines constructions seront systématiquement tentées. Dans une certaine mesure, nous avons donc répondu à la question de découvrir les éléments conceptuels de base des mathématiques. La réponse est donnée en termes de structures, de morphismes et peut-être de catégories, de foncteurs et de concepts apparentés. Et la qualité de cette réponse peut être jugée par la richesse des résultats obtenus.

À ce point de notre parcours, il me faut corriger une impression fausse que je viens peut-être de donner, selon laquelle la pensée mathématique d'aujourd'hui serait dominée par les catégories, les foncteurs et ainsi de suite. Nous pouvons seulement dire qu'il existe une tendance générale à vouloir clarifier les aspects conceptuels et à ne pas se contenter de calculer sans comprendre. Cependant, les considérations structurelles peuvent être minimales. Pour donner un exemple de mathématiques d'un style différent, je voudrais mentionner le travail de Paul Erdös [3] (le nom est hongrois et se prononce « Erdeuche »). Erdös était un mathématicien très atypique, qui voyageait sans cesse et ne dépendait pas d'une institution de base fixe. Sa contribution aux mathématiques est variée et importante. Il avait la très belle idée qu'il existe un Livre « dans lequel Dieu conserve les démonstrations parfaites des théorèmes mathématiques » (accessoirement, Erdös ne croyait pas en Dieu qu'il appelait *Le Fasciste suprême*). Sous l'influence d'Erdös, une approximation fascinante du Livre a été écrite, intitulée *Proofs from the Book* (« Démonstrations extraites du Livre ») [4]. Cet ouvrage est d'une lecture relativement facile et donne une vue résolument non bourbakiste des mathématiques. Les considérations structurales n'en sont pas absentes mais elles restent à l'arrière-plan. Paul Erdös était un de ces mathématiciens qui s'acharnent à trouver la solution d'un problème, mathématiciens très différents des constructeurs de théories comme André Weil ou Alexandre Grothendieck. Pour bien résoudre des problèmes, il faut aussi être un mathématicien conceptuel, et avoir une bonne compréhension des structures. Mais les structures restent des outils pour celui qui résout des problèmes, et non l'objet principal de son étude.

La conceptualisation actuelle des mathématiques continue l'effort des périodes antérieures et sera certainement poursuivie. On peut dire que la quête philosophique des structures fondamentales des mathématiques a porté ses fruits, dans le sens où elle a produit des concepts qui ont été étrangement efficaces dans l'obtention de nouveaux résultats et la résolution de problèmes anciens. L'efficacité de notre conceptualisation des mathématiques montre qu'elle reflète une certaine réalité mathématique, même si cette réalité n'est pas visible dans l'énumération formelle des axiomes de la théorie des ensembles.

Les vues que je viens de présenter se rapprochent du *platonisme mathématique*.

Dans *La République* [5], Platon parle d'un monde d'idées pures auquel le philosophe a accès alors que ses contemporains, moins heureux, enchaînés dans une grotte obscure, ne voient que des ombres fugitives. Les structures (au sens large) des mathématiques sont comme les idées pures de Platon, auxquelles le mathématicien-philosophe a accès, alors que ses contemporains moins heureux demeurent enchaînés dans l'obscurité non mathématique. Si nous pensons aux structures mathématiques comme à des statues, le mathématicien ne les sculpte pas au hasard à partir d'un bloc de pierre. Que nenni !

Ces statues-là appartiennent au domaine des Dieux, et c'est la noble tâche des mathématiciens de les dévoiler et de révéler leur beauté éternelle.

Vous voyez sans doute pourquoi le platonisme mathématique attire de nombreux mathématiciens, aussi différents que Bourbaki et Erdös. Je pense pourtant que le platonisme est en partie trompeur, parce qu'il ignore un fait fondamental : ce que nous appelons mathématiques sont les mathématiques produites par l'esprit ou le cerveau humain. Les considérations sur l'esprit humain peuvent être hors de propos lorsque nous discutons les aspects *formels* des mathématiques, mais pas lorsque nous en discutons les aspects *conceptuels*. Les concepts sont bien un produit de l'esprit humain et peuvent refléter ses particularités [6].

À partir du chapitre prochain, je m'intéresserai aux relations entre l'esprit ou le cerveau humain et cette chose extraordinairement non humaine que nous appelons la réalité, en particulier la réalité mathématique. Après nous être mieux informés sur la manière dont fonctionne notre cerveau, nous serons mieux placés pour nous attaquer à cette question centrale : *à quel point les concepts et les structures des mathématiques sont-ils naturels ?*

9

L'ordinateur et le cerveau

John von Neumann [1] fut l'un des esprits scientifiques les plus impressionnants du XXe siècle. Par la puissance et la diversité de ses talents, il apporta des contributions fondamentales aux mathématiques pures, à la physique, à l'économie et aussi au développement des ordinateurs. Son dernier livre fut *The Computer and the Brain* (« L'Ordinateur et le Cerveau ») [2]. Publié après sa mort, en 1958, cet ouvrage contient une comparaison fascinante entre la structure et le fonctionnement d'un ordinateur d'une part, la structure et le fonctionnement du cerveau humain d'autre part.

Une telle comparaison est-elle permise ? N'est-il pas sacrilège de comparer l'esprit humain, la plus noble des choses, et l'ordinateur, une vulgaire machine ? Les scientifiques sont notoirement peu soucieux de sacrilèges. Remarquons simplement que l'ordinateur et le cerveau sont tous deux des dispositifs de traitement de l'information. Cela suppose des similarités, par exemple la nécessité d'une mémoire pour stocker l'information. La comparaison entre les deux dispositifs est donc justifiée. Et la comparaison montre, comme on pouvait s'y attendre, que l'ordinateur et le cerveau sont très différents à bien des égards. De manière significative, il apparaît que le fonctionnement de l'esprit humain a beaucoup de particularités que ne possède pas l'ordinateur et qui n'ont donc pas de nécessité logique. Il faut s'attendre à ce que ces particularités et, à vrai dire, ces défauts, aient une influence sur la manière dont les humains font des mathématiques. C'est une chose dont j'aurai l'occasion de discuter par la suite mais je voudrais d'abord faire une comparaison point par point entre l'ordinateur et le cerveau, dans l'esprit de von Neumann (avec quelques changements et des intentions différentes). Je commencerai par un point de nature différente de ceux qui suivront.

LES PRINCIPES DE CONSTRUCTION
DE L'ORDINATEUR ET DU CERVEAU
SONT DIFFÉRENTS

L'ordinateur est une invention humaine. Il traite et stocke l'information sous forme digitale (*bits*), et la manière dont l'information doit être traitée et mise en mémoire est définie par des programmes. Différents programmes peuvent fonctionner sur la même machine, ce qui rend l'ordinateur extrêmement flexible et adaptable.

Le cerveau est le résultat de l'évolution biologique. Les gènes dans l'œuf d'un animal contiennent en puissance son système nerveux (et bien d'autres choses). Par approximations successives (c'est-à-dire par mutations et sélection), l'information contenue dans les gènes s'est améliorée au cours des âges. Amélioration signifie ici que, progressivement, un système nerveux est produit, qui donne une meilleure chance de survie et de reproduction à son possesseur, dans l'environnement du moment. Notre système nerveux nous permet de nous éloigner de ce qui présente un danger, de capturer ou récolter de la nourriture, et de décider d'agir en fonction de nos informations sensorielles. Au cours des deux derniers millions d'années, le système nerveux central de nos ancêtres hominiens s'est développé de manière accélérée. Finalement, notre espèce a développé un langage complexe, une pensée symbolique et une tradition écrite. En conséquence, le cerveau humain est devenu un instrument flexible et adaptable, capable de résoudre des problèmes assez difficiles (comme de décomposer 169 en facteurs premiers) qu'un programme d'ordinateur pourrait également résoudre, mais pas un singe. (Bien sûr, il existe également des problèmes, comme grimper à un arbre, qu'un singe sait résoudre mieux qu'un ordinateur ou un humain !)

Parlant de l'évolution, il faut noter que nous possédons des techniques mathématiques bien supérieures à celles dont disposaient Euclide et Archimède [3] en leur temps. Cependant, nous ne pouvons pas prétendre que nous sommes plus intelligents qu'eux. Cela reflète le fait que l'évolution culturelle est plus rapide que l'évolution biologique. En ce qui concerne l'évolution des ordinateurs, elle est extrêmement rapide, aussi bien en termes de matériel (vitesse et taille de la mémoire) qu'en termes de logiciels (complexité et puissance des programmes que l'ordinateur peut exécuter). En conséquence, les ordinateurs viennent progressivement à bout de tâches compliquées, comme jouer aux échecs ou traduire des textes d'une langue naturelle dans une autre. Je vais me permettre ici une remarque personnelle : je dois avouer que je suis assez effrayé par l'évolution galopante et, semble-t-il, illimitée des ordinateurs. Je ne vois pas pourquoi ils ne pourraient pas dépasser notre évolution culturelle et devenir en particulier de meilleurs mathématiciens que nous. Lorsque ce sera le cas, je pense que, pour nous, la vie sera d'une certaine manière devenue moins intéressante et moins digne d'être vécue. Notre monde a vu la fin de l'ère des cathédrales gothiques. L'ère des grandes mathématiques humaines peut aussi prendre fin. Pour le moment en tout cas, les mathématiques continuent, la vie continue et nous pouvons poursuivre notre comparaison entre l'ordinateur et le cerveau.

LE CERVEAU EST LENT
ET SON ARCHITECTURE EST HAUTEMENT PARALLÈLE

Un ordinateur fonctionne par unités de temps discrètes ou *cycles*, mesurés par une *horloge*. Une nouvelle opération est effectuée à chaque cycle. Actuellement, l'horloge de votre PC fonctionne par exemple avec une fréquence de l'ordre de 1 gigahertz, c'est-à-dire un cycle par nanoseconde (= un milliardième de seconde). Par contre, le temps caractéristique d'une modification dans le système nerveux est d'au moins une milliseconde (= un millième de seconde). Des temps de l'ordre de 100 millisecondes sont communs parce que la vitesse de propagation de l'influx nerveux est de l'ordre de 1 à 100 mètres par seconde. Ainsi donc, ce qui est « instantané » pour le cerveau est plusieurs millions de fois plus lent que ce que votre PC appelle rapide.

La grande rapidité des ordinateurs convient bien aux tâches répétitives, lorsque chaque étape fournit les données entrantes pour l'étape suivante. Le cerveau, au contraire, balaie typiquement l'information d'un seul coup en utilisant des structures massivement parallèles. Cela signifie par exemple que le nerf optique transmet des informations à partir de différentes aires de la rétine, en parallèle, vers différentes aires du cerveau. En fait, une image déformée de la rétine (et donc du monde en face de nous) est projetée sur le cortex visuel à l'arrière du cerveau, et différents aspects de cette image (couleur, orientation, etc.) sont traités simultanément. Certains ordinateurs construits pour une tâche particulière ont aussi une architecture parallèle, mais rien de comparable à ce qu'on trouve dans notre cerveau.

Le contraste est donc saisissant entre le cerveau, lent et massivement parallèle, et l'ordinateur, rapide et hautement répétitif. Mais il existe d'autres différences entre leurs modes de fonctionnement.

NOUS AVONS UNE MAUVAISE MÉMOIRE

Certaines personnes sont capables d'apprendre par cœur de longs textes littéraires ou religieux, comme l'*Iliade* d'Homère ou la Bible. Les ordinateurs peuvent clairement faire beaucoup mieux : le texte de l'encyclopédie Universalis tient facilement sur un CD-Rom ou sur un disque dur. Bien sûr, nous devons nous garder d'en conclure trop rapidement que les ordinateurs nous sont supérieurs ; après tout, apprendre de longs textes par cœur ne fait sans doute pas le meilleur usage de notre mémoire, même s'il est difficile de définir ce en quoi celle-ci excelle. Nous allons cependant voir que la mémoire humaine n'est pas très efficace pour faire des mathématiques. Les humains (comme les ordinateurs) ont plusieurs types de mémoires, mais il nous suffira ici de distinguer la mémoire à court terme et la mémoire à long terme. Il faut du temps pour entrer des choses dans notre mémoire à long terme (une synthèse de protéine semble nécessaire) :

nous ne pouvons pas mémoriser une longue liste de mots ou de chiffres pris au hasard, après les avoir lus une seule fois. La mémoire à court terme nous permet de nous souvenir d'une liste de choses qui viennent d'être présentées, mais se limite à environ *sept* objets. Cela signifie qu'il peut être difficile de lire un numéro de téléphone et ensuite de le composer de mémoire, sans le consulter à nouveau. Composer efficacement des numéros de téléphone ne possédait pas jusqu'à récemment une grande valeur de survie – sans quoi la sélection naturelle nous aurait sans doute rendus plus habiles à effectuer cette tâche !

Les choses étant ce qu'elles sont, les mathématiciens accumulent un grand nombre de faits dans leur mémoire à long terme, au cours de longues journées d'étude. Après quoi ils se souviendront de la définition du rapport anharmonique, du fait qu'il est conservé par les transformations projectives, et de bien d'autres choses. En ce qui concerne la mémoire à court terme, il est possible d'y suppléer grâce à un tableau noir, une feuille de papier ou un écran d'ordinateur. Ceux-ci servent de mémoires externes, faciles à consulter d'un simple regard. La mémoire à long terme peut également être complétée par des livres et d'autres moyens visuels. Ce qui nous amène au point suivant.

LE CERVEAU HUMAIN A DES CAPACITÉS VISUELLES ET LINGUISTIQUES BIEN DÉVELOPPÉES

Notre système visuel a évolué au cours de nombreux millions d'années pour devenir un instrument remarquablement efficace. En une fraction de seconde, nous repérons et reconnaissons un animal ou un objet dissimulés dans un arrière-plan complexe. Il est clair que cette capacité a été très importante pour assurer la survie de nos ancêtres. À présent nous pouvons l'utiliser pour examiner des figures géométriques, des diagrammes, des formules et du texte mathématique. S'il nous fallait construire un ordinateur avec des aptitudes mathématiques, nous ne partirions probablement pas d'un système visuel complexe. Cependant, nous autres humains avons à notre disposition ce merveilleux instrument et, bien évidemment, nous l'utilisons pour faire des mathématiques. En d'autres termes, la manière dont nous faisons des mathématiques est fortement influencée par l'usage que nous faisons de notre système visuel, à la fois complexe et efficace.

La faculté humaine de communiquer des informations abstraites complexes par l'intermédiaire du langage est récente du point de vue de l'évolution (datant d'il y a peut-être cinquante mille ans). Sa valeur de survie est évidente, et explique le nombre énorme d'êtres humains qui encombrent actuellement notre planète. L'utilisation d'un langage humain naturel est fondamentale dans les mathématiques humaines [4]. Ce langage peut être le grec ancien, le français moderne ou toute autre langue parlée ou écrite. Fondamentalement, tout ce que nous appelons « mathématiques » utilise un langage naturel, même si les mathématiciens insistent sur le fait que les textes mathématiques pourraient en principe être écrits dans un langage formel. En pratique, les langages formels ne sont pas utilisés et ne peuvent pas l'être. Les langues humaines naturelles ont une puissance et une flexibilité que nous mettons à profit pour faire des mathématiques. Mais cette particularité des mathématiques humaines est aussi un défaut car elle interdit de vérifier mécaniquement qu'un texte mathématique ne contient pas d'erreur. Et cela nous amène au dernier point que nous voudrions discuter dans ce chapitre.

LA PENSÉE HUMAINE
MANQUE DE PRÉCISION FORMELLE

Une tâche extrêmement facile pour un ordinateur est de comparer deux documents pour décider s'ils sont identiques ou non. Les documents peuvent contenir le texte d'un roman en basque ou en breton et, en une fraction de seconde, l'ordinateur indiquera si un mot apparaît avec une orthographe différente dans les deux documents. Pour un lecteur humain, la tâche serait longue, fastidieuse et dépendrait de détails logiquement sans importance, comme le fait qu'il connaisse ou non le basque ou le breton. Si le texte d'un roman est remplacé par celui de l'encyclopédie Larousse ou l'ensemble des annuaires téléphoniques de France, la tâche atteint les limites du possible pour un humain tout en restant facile pour un ordinateur.

Ce dernier exemple montre qu'une tâche logiquement facile, lorsqu'elle est longue et doit être menée à bien sans aucune erreur [5], est difficile pour les humains et aisée pour un ordinateur. C'est certainement une de nos insuffisances lorsque nous faisons des mathématiques. Bien sûr, lorsqu'il s'agit de reconnaître une vessie d'une lanterne lorsque nous en voyons une, nous nous acquittons de la tâche bien mieux que les ordinateurs actuels. Et notre supériorité est écrasante dans le domaine de la créativité mathématique. Mais vous serez sans doute d'accord pour admettre que la manière dont nous attaquons les problèmes nous est propre et que, si une collègue extraterrestre venait à nous rendre visite, elle serait sans doute perplexe en voyant comment nous nous y prenons [6].

10

Textes mathématiques

Nous parlons de réalité mathématique comme nous parlons de réalité physique. Ces réalités sont différentes, mais toutes deux bien réelles. La réalité mathématique est de nature logique, alors que la réalité physique est liée à la perception du monde dans lequel nous vivons. Cela ne signifie pas que nous pouvons définir facilement la réalité mathématique ou physique, mais nous pouvons établir un rapport avec elles en écrivant des démonstrations mathématiques ou en réalisant des expériences physiques. Nous pouvons également ment hasarder des conjectures, et la réalité pourra les confirmer ou les infirmer. Les relations entre l'esprit humain et la réalité physique ou mathématique sont complexes. Les comparaisons que nous avons faites précédemment entre l'ordinateur et le cerveau ont révélé certaines des subtilités qui sous-tendent la pensée humaine en mathématiques. Nous allons maintenant regarder les choses d'un autre point de vue et examiner le produit final de l'activité mathémati- que : le texte mathématique.

Avant de discuter les textes mathématiques écrits, je voudrais dire un mot d'une variante importante : la présentation orale, qu'elle s'appelle cours, séminaire, colloque, etc. Lors d'une présentation orale, le mathématicien est debout et écrit sur un tableau noir pendant environ une heure. De nos jours, le tableau noir est souvent complété par un rétroprojecteur. Remarquons qu'il existe des différences importantes entre les mathématiques et d'autres disciplines lorsqu'il s'agit de présentations orales. Un philosophe peut s'asseoir à une table et lire un texte soigneusement préparé. Un physicien utilisera souvent un ordinateur pour projeter à l'écran un texte et des images colorées et animées. Mais les mathématiciens préfèrent l'usage traditionnel de la craie et du tableau noir (ou des variations innocentes comme le tableau blanc ou vert). Cet arrangement présente l'avantage de limiter la quantité d'information présentée à l'auditoire par unité de temps. En effet, la quantité totale d'information transmise par communication doit être restreinte. Projeter des formules compliquées à grande vitesse sur un écran ou parler pendant deux heures est inutile et donne le tournis à tout le monde. (Voilà encore une différence entre le cerveau et l'ordinateur : un ordinateur convenablement branché et programmé peut « penser » pendant des jours et des jours sans éprouver le moindre besoin de faire une sieste ou de prendre un café.)

Les textes mathématiques peuvent être des livres ou des articles de longueur variée. Les articles sont publiés dans des revues spécialisées et/ou, actuellement, diffusés sur Internet. Un article mathématique écrit est le produit final habituel de l'activité mathématique humaine. L'existence permanente de cet écrit permet de le consulter n'importe quand, et de vérifier son exactitude. Une idée mathématique nouvelle n'acquiert sa légitimité qu'au jour ou elle est écrite et publiée.

Pour la présente discussion, nous distinguerons dans le texte mathématique trois types de constituants : les figures, les phrases, les formules.

LES FIGURES

Les figures, ainsi que les constructions effectuées sur ces figures (comme par exemple : *tracez la perpendiculaire à AB, passant par le point C...*), jouent un rôle important dans la géométrie d'Euclide [1]. Les figures font bon usage du système visuel humain, et constituent une mémoire externe précieuse dès l'instant où la situation géométrique considérée devient un peu compliquée [2]. Raisonner sur des figures est très efficace, ce qui explique pourquoi la géométrie est la première branche des mathématiques à avoir obtenu des résultats réellement profonds et difficiles.

Cependant, vous trouverez rarement des figures dans les articles mathématiques modernes, même lorsque le sujet en est la géométrie. La raison principale de cette désaffection est qu'il est possible de se tromper en se fiant trop à une figure spécifique pour prouver un résultat général. Raisonner sur une figure a donc été découragé car considéré comme non rigoureux. Les figures gardent cependant leur utilité pour retenir l'attention et servir de mémoire externe et elles sont très utilisées dans les présentations orales.

Supposons que le présentateur d'un exposé prononce la phrase : « *Considérons un arc géodésique joignant les points A et B d'une variété riemannienne M.* », Simultanément, il dessinera la figure suivante au tableau :

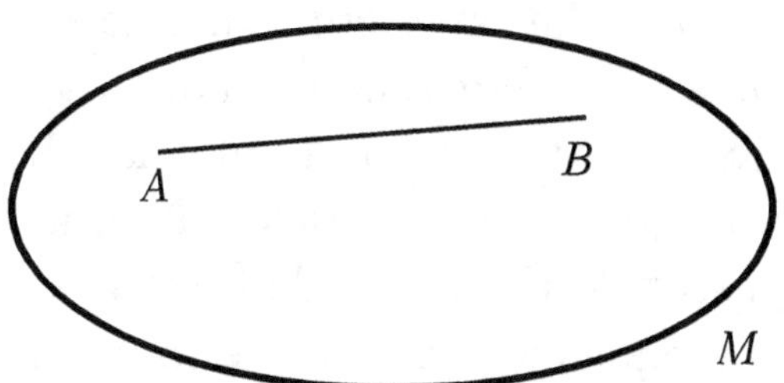

Dans un article mathématique, la phrase serait écrite sans figure, mais beaucoup de lecteurs auraient en tête une image qui correspond à celle présentée ci-dessus.

L'absence de figures ne signifie pas que l'intuition géométrique soit écartée. Au contraire, la *géométrisation* est bienvenue de la part des mathématiciens : elle consiste en une interprétation géométrique d'objets mathématiques (en algèbre ou en théorie des nombres) qui ne sont pas *a priori* géométriques.

Bien que l'intuition visuelle soit importante, il nous faut admettre qu'elle ne possède aucune nécessité logique en mathématiques. Certains l'utilisent, d'autres non : le mathématicien français Laurent Schwartz (1915-2002) affirmait être si peu doué dans ce domaine qu'il avait du mal à se servir d'une carte routière. La variété des représentations internes des objets mathématiques par les différents mathématiciens est une question passionnante, mais qui reste à étudier.

LES PHRASES

Nous avons énoncé plus haut la phrase : « *Considérons un arc géodésique joignant les points A et B d'une variété riemannienne M.* » Cette phrase est rédigée en français et contient quelques symboles (A, B, M) et un peu de jargon (« arc géodésique », « variété riemannienne »). Il serait facile de traduire la phrase en anglais, ou en allemand par exemple, mais, comme je l'ai dit plus haut, une langue naturelle est nécessaire en pratique pour faire des mathématiques. On peut par contre se passer de figures et de formules.

En fait, les langues jouent un rôle fondamental (bien que non exclusif) dans la pensée humaine. Mais une langue joue des rôles assez divers, et son usage en mathématiques est très différent de son usage en poésie. Voyons un exemple. Au lieu de la phrase mathématique employée précédemment, écrivons : « Soit N une variété riemannienne, et prenons un arc géodésique AB dans N. » Nous avons donné un nouveau nom N à la variété riemannienne et, par ailleurs, dit la même chose avec d'autres mots. En poésie, si vous changez les noms et utilisez d'autres mots, vous ne dites PAS la même chose. Pensez au sonnet de Joachim du Bellay, *Heureux qui comme Ulysse*, remplacez le « Palatin » (qui rime avec « latin ») par le « Janicule », modifiez quelques mots et quelques expressions grammaticales sans changer le sens : bientôt vous aurez transformé un poème immortel en une suite d'élucubrations pénibles. Il est clair que lire de la poésie et lire des mathématiques sont deux activités assez différentes du cerveau. En poésie, les régularités et irrégularités de la forme participent de manière essentielle au message [3]. En mathématiques, au contraire, la forme est d'une importance limitée. Si vous avez une discussion avec un collègue, bilingue comme vous, vous vous souviendrez sans doute par la suite du sujet mathématique de la conversation, mais peut-être pas de la langue que vous avez utilisée.

LES FORMULES

Les textes mathématiques sont généralement assortis de formules comme :

$$\frac{U-A}{M-A} : \frac{U-B}{M-B} = \frac{M-A}{V-A} : \frac{M-B}{V-B} \qquad (*)$$

que nous avons rencontrée au chapitre 4. Il n'existe pas de différence fondamentale entre une formule et une phrase.

Nous pouvons prononcer la formule (*) de la manière suivante : *U moins A sur M moins B divisé par... est égal à...* [4]. Pour la plupart des mathématiciens, la formule est hautement préférable à la phrase. J'y vois deux raisons principales. D'abord, nous pouvons appliquer notre compétence visuelle à la formule, comme nous pouvions le faire avec une figure géométrique, et la traiter comme une mémoire visuelle. D'autre part, il existe des règles qui nous permettent d'obtenir mécaniquement une formule à partir d'une autre sans beaucoup d'effort et avec un risque d'erreur minime. Dans le cas de la formule (*), nous avons utilisé l'information supplémentaire suivant laquelle M est le milieu de AB qui peut s'exprimer sous la forme

$$(M - A) : (M - B) = -1 \qquad (**)$$

En introduisant (**) dans (*), nous trouvons :

$$(V - A).(V - A) = (U - B).(V - B)$$

(Cela saute aux yeux d'un mathématicien entraîné.) Après quelques manipulations faciles, nous obtenons :

$$\frac{U + V}{2} = \frac{A + B}{2} = M$$

ce qui constituait notre preuve du théorème du papillon.

La manipulation systématique et aisée de formules constitue une adjonction essentielle des mathématiques modernes aux outils dont disposaient les anciens Grecs. Des formules, comme c'était le cas des figures, sont souvent présentes à l'esprit des mathématiciens même lorsqu'elles ne sont pas écrites explicitement. Il convient également de noter que les formules ne concernent pas toujours des nombres (des nombres complexes dans le cas de (*)). La formule $A \subset B$ dit que l'ensemble A est contenu dans l'ensemble B, et il existe des formules pour exprimer n'importe quelle autre relation logique. Quelle que soit sa signification, une formule écrite a, en principe, la valeur d'une mémoire externe et d'un objet qui peut être manipulé utilement suivant des règles bien définies.

Nous avons dit et répété que les mathématiques peuvent *en principe* être présentées sans faire usage d'une langue naturelle. Une telle présentation des mathématiques serait « formules seules » et son exactitude pourrait être vérifiée mécaniquement. De fait, certains mathématiciens (en particulier les débutants) aiment écrire des formules plutôt que des phrases parce qu'ils pensent que c'est plus « rigoureux ». Cependant, cette pratique conduit rapidement à un fouillis incompréhensible. La transmission efficace des mathématiques entre humains dépend du choix heureux des formules et des mots (qui font référence à des formules non écrites). Faire les bons choix requiert des qualités différentes de la puissance technique pure. C'est un art, et certains mathématiciens y sont bien meilleurs que d'autres.

11

Honneurs et récompenses

Au cours des chapitres précédents, nous nous sommes intéressés à la nature des mathématiques humaines. Arrêtons-nous un moment pour nous demander ce qui pousse les humains à la recherche mathématique ou à la recherche scientifique en général. (La recherche en mathématiques est d'avantage un jeu intellectuel pur et une entreprise solitaire que la recherche dans d'autres domaines, mais il s'agit d'une différence de degré plutôt que de nature.) Bien sûr, choisir de faire de la recherche, c'est répondre à un défi, être attiré par l'intérêt d'un sujet, par l'argent, par la renommée... Examiner plus profondément ces motivations ne nous apprendra sans doute pas grand-chose sur la structure de la réalité mathématique, mais cela pourra nous éclairer sur la nature humaine et sur la société. Dans ce chapitre, nous nous contenterons modestement de nous poser des questions sur la partie la plus visible de la relation émotionnelle des scientifiques à la science.

Mon collègue, le physicien théoricien Louis Michel, affirmait que l'on choisit une carrière académique par manque d'imagination. Qu'est-ce à dire ? Supposons que vous êtes un bon élève. Vous envisagez naturellement d'entrer à l'université. Ensuite, si vous n'êtes pas particulièrement pressé d'entrer dans la « vie réelle », vous voudrez préparer un doctorat, au terme duquel la vie académique sera sans doute devenue la vie réelle pour vous. Il vous sera difficile d'imaginer une autre occupation. Par manque d'imagination, vous essayerez de rester dans le monde académique et de « faire de la recherche » entre autres choses. Faire de la bonne recherche signifie trouver des solutions nouvelles à des problèmes nouveaux, ce qui est une définition de l'imagination ou de l'intelligence. Mais la bonne recherche requiert également une grande quantité de travail de routine, souvent délicat et complexe, qui doit être effectué avec soin, avec précision et sans excès d'imagination. Le manque d'imagination est donc nécessaire en recherche, même si une certaine dose d'imagination est requise pour faire de la bonne recherche.

À la base de la science et de la recherche scientifique est le besoin, la compulsion de comprendre la nature des choses. Nous examinerons par la suite la nature de ce comportement compulsif et nous essayerons de le comprendre. Mais la science a d'autres motivations (comme le manque d'imagination, ainsi que nous venons de le remarquer). Et le système des récompenses constitue un aspect important de la motivation dans la science humaine. C'est ce dont nous allons discuter maintenant.

Les êtres humains, comme les autres animaux, ont un système inné de pulsions (que l'expérience modifie par la suite) qui gouvernent leurs activités conscientes et inconscientes en ce qui concerne la respiration, la nourriture, le sexe, etc. Ces pulsions ont été partiellement analysées au niveau physiologique. Elles sont souvent associées à ce que nous considérons comme des stimuli agréables ou désagréables. Par exemple, il semble que la substance appelée *histamine*, émise par des cellules, lors d'une forme ou une autre d'agression, joue un rôle dans le déclenchement d'impulsions senso-rielles évoquant la douleur ou des démangeaisons. Il convient cependant de se méfier d'une explication trop simpliste et mécanique des pulsions comme réponses à des souvenirs de stimuli agréables ou désagréables. Si l'antilope fuit le lion, ce n'est pas parce qu'elle se souvient qu'être mangée par un lion constitue une expérience désagréable ! Éviter les bêtes dange-reuses semble préprogrammé, au moins en partie, dans le cer-veau des animaux et des êtres humains. C'est sans doute pourquoi nombre d'entre nous évitent les serpents, les arai-gnées et les chiens méchants. De plus, l'homme est un animal social et nous nous conformons plus ou moins aux lois du groupe dans lequel nous vivons.

Parmi les encouragements à nous comporter de telle ou telle manière se trouve l'enseignement de nos parents. Ceux-ci peuvent être remplacés par une autre figure maternelle ou paternelle, ou par Dieu, qui nous dit ce que nous avons à faire. Dieu est la figure paternelle par excellence, typique-ment bienveillante aussi longtemps que nous nous confor-mons à Ses désirs, sinon Sa colère est terrible. La figure maternelle ou paternelle va essayer d'imposer son rôle domi-nant, que nous devons accepter. La rejeter est un péché, un crime, et a pu s'avérer très dangereux. Souvenez-vous de Giordano Bruno [1] brûlé sur le bûcher à Rome pour son opposition philosophique aux doctrines de sa Sainte Mère l'Église catholique. Souvenez-vous des millions de victimes de régimes totalitaires paternalistes, de gauche ou de droite, reli-gieux ou antireligieux.

La discussion libre, comme elle apparaît en sciences, n'est pas un droit humain universel. Pouvoir débattre des sujets philosophiques, se poser des questions sur la religion et les structures sociales, a toujours été l'exception plutôt que la règle. La règle est de respecter la structure politique et l'idéo-logie en place. Le pouvoir et l'idéologie changent selon le lieu et l'époque, et il nous arrive d'aider à les changer, mais ils sont toujours présents. Cette présence peut nous gêner, mais, généralement, nous la tenons pour acquise. Si nous vivons dans un pays démocratique sous un régime raisonnablement libéral, il peut nous être facile d'accepter la structure du pouvoir et l'idéologie de notre communauté. Cependant, en passant d'un endroit à un autre, nous constatons que les règles sont différentes : alors que le président des États-Unis se sent obligé de faire de fréquentes allusions à Dieu, le président français, lui, n'en a pas le droit.

Au risque de répéter des évidences, je vais reprendre le raisonnement. La structure du pouvoir et la pression à se conformer à l'ordre en place peuvent prendre les formes les plus détestables. Cependant, détestables ou non, elles font partie du tissu de la société humaine. Le pouvoir et le conformisme peuvent être imposés par des méthodes brutales, mais ils sont en outre profondément enracinés dans la psychologie humaine et dans notre soumission à une figure maternelle ou paternelle dominante. Comme vous pouvez vous en douter, ceci s'applique également à la science. Il existe plus de liberté de discussion en science que dans d'autres domaines mais il y a une structure du pouvoir et une pression à se conformer. Le pouvoir s'exprime dans le recrutement et les salaires, le conformisme dans l'acceptation des articles en vue de leur publication dans les revues scientifiques. Dans l'ensemble, le système fonctionne de manière raisonnablement efficace et satisfaisante. On pourrait certainement l'améliorer, mais je ne préconise pas sa destruction. Il convient également de mentionner ici l'admiration accordée à certains scientifiques pour les résultats qu'ils ont obtenus et les honneurs que, dans certains cas, une figure paternelle leur prodigue. Les distinctions scientifiques sont souvent un sujet de vive émotion et de profonde irrationalité. Il ne manque pas d'exemples d'hommes de science éminents dont l'existence a été gâchée parce qu'ils n'ont pas obtenu un honneur convoité, même si une analyse rationnelle montre que cet honneur aurait constitué d'avantage une nuisance qu'une bénédiction.

Ce que j'appelle honneurs, c'est être élu membre d'une académie, être lauréat d'un prix ou d'une médaille, être choisi pour donner une conférence importante ou simplement se voir offrir un poste prestigieux. Les honneurs procurent dans des proportions variables : une satisfaction d'amour-propre, de l'argent, du pouvoir politique, une aide professionnelle et des obligations qui peuvent être dévoreuses de temps. Recevoir des honneurs comporte donc des aspects matériels et psychologiques, rationnels et irrationnels. Mais la politique intervient également au-delà de l'individu qui est honoré. Par exemple, une université qui peut se vanter d'avoir plusieurs prix Nobel parmi ses professeurs aura des facilités pour obtenir des fonds : ils jouent le même rôle que (aux États-Unis) une bonne équipe de football universitaire.

Il n'existe pas de prix Nobel de mathématiques et je me souviens d'une époque, dans les années 1960 et 1970, où les mathématiciens étaient tout à fait satisfaits de cette situation. La qualité mathématique ne se mesurait pas en millions de dollars et les mathématiciens n'étaient pas cotés avec les footballeurs. Il existe en mathématiques une médaille prestigieuse, la médaille Fields, mais elle est attribuée uniquement à des mathématiciens de moins de quarante ans et sa contrepartie financière est négligeable (contrairement au prix Nobel qui rapporte environ un million de dollars). Autant que je m'en souvienne, l'attribution de la médaille Fields à René Thom et à Alexandre Grothendieck n'a pas été une grande affaire. (Un moment, René Thom fut un peu irrité parce qu'il n'arrivait plus à mettre la main sur sa médaille et qu'il pensait que sa femme Suzanne l'avait égarée.)

Les choses ont changé. On parle maintenant de la médaille Fields comme du prix Nobel des mathématiques. Il existe aussi actuellement plusieurs autres prix attribués aux mathématiciens, d'une valeur d'environ un million de dollars, et qui revendiquent le titre de prix Nobel des mathématiques. Des prix d'un million de dollars sont aussi prévus pour la résolution de certains grands problèmes mathématiques et de nombreux mathématiciens sont heureux de mentionner un « problème à un million de dollars » quand l'occasion s'en présente. D'autres estiment que mettre une étiquette de un million de dollars sur l'hypothèse de Riemann n'est pas de très bon goût. Il est certain que si l'unité d'excellence des mathématiques est le million de dollars, elle est très en dessous de l'unité d'excellence du golf, du tennis ou de la course automobile [2]. Mais ne perdons pas trop de temps sur cette question du million de dollars.

Mon opinion est que les honneurs jouent actuellement un rôle trop important dans les mathématiques. (Il est possible que les choses changent à nouveau.) La raison de ce rôle important est probablement la difficulté à évaluer le travail contemporain, qui est souvent très technique et difficile à comprendre. Au lieu d'expliquer le théorème démontré par X, il est plus facile de dire que X a reçu le prix Alpha. Cependant, il faut bien admettre que, intellectuellement, c'est moins intéressant, même si le prix Alpha a été attribué à bon escient. Le prix Alpha n'est pas attribué par Dieu Tout-Puissant, mais par un comité qui a reçu des candidatures, sollicité et reçu des rapports et… qui ne fait pas toujours le bon choix. La sélection d'un scientifique pour un honneur peut être restreinte officiellement par sa nationalité, son âge, etc., mais ne devrait pas dépendre de sa race, de son sexe, de ses opinions politiques, etc. Cependant, ces derniers facteurs jouent dans les faits souvent un rôle décisif. Examinons un exemple d'évaluation : un bon département de mathématiques (disons celui de l'Université de Princeton) désire engager un nouveau membre. Le choix est fait par des mathématiciens compétents, capables de trouver et d'évaluer des jeunes chercheurs de grand talent. Le département souhaite engager des collègues de haut niveau et fera probablement un bon choix. Considérons, par contre, un comité qui ne se sent pas très compétent, mais souhaite défendre sa propre respectabilité. Ce comité ne va pas prendre de risques, il cherchera un candidat qui a déjà reçu un certain nombre d'honneurs et lui en offrira un de plus. Ou bien il écoutera des rumeurs, suivant lesquelles le candidat est sur le point de prouver un résultat important, et fera un mauvais choix.

J'ai essayé de montrer que l'évaluation des scientifiques et l'attribution des honneurs fonctionnent tant bien que mal, mais qu'évaluation et honneurs forment une partie nécessaire de la science humaine. Ils peuvent être une nuisance et ils constituent un sérieux problème qui ne peut être ni écarté ni ignoré. Cependant, il vaut mieux parfois ne pas prendre les problèmes sérieux trop au sérieux. Le secours peut venir d'où on l'attend le moins, comme le montre l'histoire qui suit.

Je venais d'assister à une séance solennelle de l'Académie des sciences de Paris, sous la coupole de l'Institut de France. L'assistance était distinguée, et un grand nombre des personnalités présentes portaient le costume vert d'académicien, bicorne à la main et épée au côté. Nous avions entendu des discours élégants sur divers aspects de la vie de l'Académie. D'autres interventions avaient porté sur des sujets aussi importants que l'avenir de l'humanité et de notre planète, la responsabilité de l'homme de science, etc. Au bout d'environ deux heures, la réunion se termina et, comme il me restait d'autres choses à faire ce jour-là, je me préparai à sortir rapidement et discrètement. Je fus le premier dehors. Mais, alors que je me hâtais, je me rendis compte de quelque chose d'anormal : je me trouvais entre deux rangs de militaires en uniformes rutilants. C'était la garde républicaine qui s'apprêtait à rendre les honneurs, sabre au clair et au son du tambour, pour saluer le passage des académiciens en costume. (Pas de trompettes, ne confondons pas avec le Jugement dernier.) J'avais mal calculé ma sortie : j'aurais dû m'échapper par le côté et non entre ces guerriers à l'aspect redoutable.

J'essayai de passer inaperçu, mais comment passer inaperçu entre deux rangs de gardes républicains, sabre au clair ? Je lançais des coups d'œil à droite et à gauche pour m'orienter et c'est alors que je vis le chef des gardes : un géant. Il était de noble apparence, formidable et complètement impassible, et je ne pouvais pas le quitter des yeux. Il me regardait également, sans sourire. Alors je le vis baisser une paupière et la relever lentement : un clin d'œil indiscutable… qui me remit en paix avec l'humanité.

12

L'infini, écran de fumée des Dieux

Revenons à présent à l'activité principale des mathématiciens : démontrer des théorèmes en appliquant des règles logiques à d'autres théorèmes et à des axiomes de base. Toutes les mathématiques peuvent être obtenues à partir de la théorie des ensembles, si bien que nous n'avons besoin que des axiomes de la théorie des ensembles. Quels sont-ils ? La plus grande partie des mathématiques d'aujourd'hui est basée sur un système d'axiomes appelés ZFC (pour Zermelo [1], Fraenkel [2] et l'axiome du choix). En réalité, les mathématiciens utilisent rarement les axiomes ZFC de manière explicite : ils se réfèrent à des théorèmes « bien connus » qui peuvent être dérivés de ZFC. Par exemple, si vous voulez prouver qu'*il existe un nombre infini de nombres premiers*, vous n'essayerez généralement pas d'y arriver à partir de ZFC. Vous utiliserez plutôt le fait que quelqu'un a déjà établi un rapport entre les entiers et la théorie des ensembles, et déduit pour vous un certain nombre de propriétés bien connues des entiers (voir plus loin).

Vous pouvez chercher les axiomes ZFC à divers endroits. En utilisant l'*Encyclopedic Dictionary of Mathematics* [3] j'ai trouvé une liste de dix axiomes formulés en langage formel. L'axiome 5 est :

$$\exists\, x\, \forall y (\neg\, y \in x)$$

Souvenez-vous qu'il existe des « règles de logique » qui vous permettent de manipuler les symboles dont sont constitués les axiomes et les théorèmes. Cependant, les expressions formelles que vous écrivez possèdent également une signification intuitive. Il est en principe possible de faire des mathématiques sans avoir recours à une signification intuitive, mais cette dernière est généralement considérée comme essentielle par les mathématiciens humains. En ce qui concerne l'axiome 5, il dit qu'il existe un ensemble x tel que, pour tout y, il est faux de dire que y appartient à x. En d'autres termes, il existe un ensemble x qui ne contient aucun élément. Cet ensemble x s'appelle l'ensemble vide et est généralement représenté par le caractère Ø. L'axiome 5 affirme donc qu'*il existe un ensemble vide* Ø. Une fois que vous avez l'ensemble Ø, vous pouvez également considérer l'ensemble (différent) {Ø} qui n'a qu'un élément (en l'occurrence l'ensemble vide Ø), et l'ensemble {{Ø}} qui contient un élément {Ø}. Vous pouvez également considérer l'ensemble {Ø, {Ø}} qui contient deux éléments Ø, {Ø}, l'ensemble {Ø, {Ø}, {{Ø}}} qui contient trois éléments, etc.

Si cela vous donne un peu le vertige, ne vous inquiétez pas : c'est une réaction tout à fait normale. Remarquez cependant en passant que nous avons découvert une manière d'introduire les entiers naturels 0, 1, 2, 3… en les associant aux ensembles Ø, {Ø}, {Ø, {Ø}}, {Ø, {Ø}, {{Ø}}}…

Ce n'est pas le lieu ici d'une discussion détaillée des axiomes ZFC, mais je voudrais encore mentionner l'axiome 6 qui, en langage ordinaire, dit qu'il existe un ensemble avec un nombre infini d'éléments ou, comme les mathématiciens aiment dire : *il existe un ensemble infini*. Pourquoi insister sur un tel axiome, alors qu'il est clair que les entiers naturels 0, 1, 2, 3…

forment un ensemble infini ? Le fait est que les axiomes viennent d'abord et les entiers seulement plus tard, et ce qui paraît clair intuitivement doit être regardé avec beaucoup de méfiance lorsqu'il s'agit de donner des bases solides aux mathématiques. La construction grandiose de la théorie des ensembles, amorcée par Georg Cantor à la fin du XIXe siècle, s'était heurtée à la présence de paradoxes qui menèrent à une crise dans les fondements des mathématiques [4]. Nous devons une grande reconnaissance aux logiciens qui, au début du XXe siècle, ont fait un travail sérieux en dotant la théorie des ensembles d'une bonne base axiomatique.

Mais j'ai oublié de dire ce qu'est un ensemble infini. Je vais donner une définition intuitive plutôt que formelle : on dit qu'un ensemble est infini s'il contient autant d'éléments qu'un sous-ensemble strictement plus petit. Par exemple, l'ensemble {0, 1, 2, 3,...} formé des entiers naturels contient autant d'éléments que le sous-ensemble {0, 2, 4,...} formé des entiers naturels pairs (pour le voir, il suffit d'associer à chaque entier n son double 2n). Cependant, l'ensemble des entiers naturels pairs est strictement plus petit que l'ensemble de tous les entiers naturels puisqu'il lui manque 1, 3, 5,... En conclusion, l'ensemble {1, 2, 3,...} des entiers naturels est infini. Maintenant que nous avons défini ce que signifie « infini », affirmer qu'il existe une infinité de nombres premiers a un sens.

Si deux nombres premiers ont une différence égale à 2, ils sont appelés nombres premiers jumeaux (3 et 5 sont des nombres premiers jumeaux et, de même 5 et 7, 11 et 13, 17 et 19, etc.). On croit qu'il existe une infinité de paires de nombres premiers jumeaux, mais cela n'a pas été démontré. Ainsi donc, si les axiomes ZFC constituent un fondement satisfaisant de nos mathématiques, cela ne signifie pas qu'il soit facile de répondre à toutes les questions apparemment raisonnables. Selon le théorème d'incomplétude de Gödel, il n'existe pas de manière systématique de résoudre toutes les questions mathématiques.

Mais oublions Gödel pour le moment et essayons d'aborder le problème des nombres premiers jumeaux de manière directe et brutale. Nous calculons tous les nombres premiers inférieurs à une valeur N (ce qui peut se faire de manière explicite) ; ensuite nous sélectionnons les paires de jumeaux (ce qui peut également se faire de manière explicite), mais alors nous voilà coincés : il nous faudrait effectuer le calcul pour N arbitrairement grand et cela prendrait un temps infini. La solution du problème des nombres premiers jumeaux est *cachée à l'infini* dans des valeurs arbitrairement grandes de N.

Comment se fait-il alors que nous sachions qu'il existe un nombre infini de nombres premiers ? La réponse réside dans le fait que nous n'essayons pas de calculer tous les nombres premiers, mais utilisons plutôt un raisonnement mathématique astucieux. Ce raisonnement était connu d'Euclide : soit $n! = 1.2... \; n$ le produit de tous les entiers successifs de 1 à n. Il est clair que $n!$ est un multiple exact de tous les entiers k de 2 à n, ou, en d'autres termes, k est un diviseur de $n!$ (c'est-à-dire que le reste de la division de $n!$ par k est 0). Cependant, k ne divise pas $n! + 1$ (parce que le reste de la division est 1). Dès lors, tout nombre k (plus grand que 1) qui divise $n! + 1$ et, en particulier, tout facteur premier de $n! + 1$ doit être plus grand que n : il existe donc des nombres premiers arbitrairement grands. Remarquez que, dans ce raisonnement, nous ne sommes pas remontés aux axiomes ZFC. Nous avons plutôt utilisé *de manière informelle* un certain nombre de faits et de résultats « bien connus » sur les nombres (par exemple le fait qu'un entier peut s'écrire de manière unique sous la forme d'un produit de nombres premiers, abstraction faite de l'ordre des facteurs). C'est la manière générale dont procèdent les mathématiciens. Toutefois, en principe, il est possible de remonter jusqu'à ZFC, de mettre les entiers en correspondance avec la théorie des ensembles et de procéder avec une rigueur absolue.

La beauté des mathématiques réside dans le fait que des raisonnements astucieux permettent de résoudre des problèmes pour lesquels une approche directe et brutale ne mène à rien... mais il n'y a pas de garantie qu'un raisonnement astucieux existe toujours ! Nous venons de voir un raisonnement astucieux qui permet de prouver qu'il existe une infinité de nombres premiers mais nous ne connaissons pas de raisonnement qui permette de prouver qu'il existe une infinité de nombres premiers jumeaux.

Essayons maintenant de procéder de manière différente. Partant de vos axiomes préférés (disons ZFC), vous pouvez écrire systématiquement et mécaniquement une liste de toutes les démonstrations correctes. Vous pouvez donc écrire une liste de tous les énoncés qui peuvent être démontrés à partir de vos axiomes en examinant à chaque fois si vous avez obtenu une démonstration de votre énoncé favori (par exemple « il existe une infinité de paires de nombres premiers jumeaux »). Vous utilisez le langage formel (comme dans l'axiome 5 cité précédemment) pour la liste des énoncés qui sont démontrés et vous avez un *algorithme* qui vous permet de produire cette liste systématiquement et mécaniquement. (Un algorithme vous dit comment procéder par étapes, en vous indiquant ce que vous avez à faire à chaque étape. Vous pouvez appliquer un algorithme en utilisant un ordinateur programmé de manière adéquate.) Remarquez que, dans une liste d'énoncés produite par un algorithme, certains peuvent être répétés et certains énoncés courts peuvent apparaître tardivement et de manière inattendue.

Ainsi donc, il existe un algorithme qui produit une liste des énoncés démontrables à partir des axiomes. Notons cependant un fait remarquable (et pas facile à démontrer) : *il n'existe pas d'algorithme qui produise une liste des énoncés qui NE peuvent PAS être prouvés à partir des axiomes* [5], ce qui, dans le jargon de la logique mathématique, s'exprime en disant que l'ensemble des énoncés démontrables est *récursivement énumérable* alors que l'ensemble des énoncés qui n'ont pas de démonstration ne l'est pas. Remarquons également que l'ensemble des énoncés dont on peut démontrer qu'ils sont faux est récursivement énumérable et ne peut, dès lors, pas coïncider avec l'ensemble des énoncés qui ne peuvent pas être prouvés. C'est le théorème d'incomplétude de Gödel : *si une théorie est consistante (c'est-à-dire s'il n'est pas possible de prouver un énoncé et son contraire), il existe des énoncés qui ne peuvent pas être démontrés, mais pour lesquels il est également impossible de démontrer qu'ils sont faux* [6].

Comme nous venons de le voir, il existe une relation entre les algorithmes et le théorème d'incomplétude de Gödel : une certaine classe d'énoncés (ou de nombres entiers) peuvent être produits à l'aide d'algorithmes, d'autres non ; cela est lié au fait qu'il existe un nombre infini d'énoncés (ou de nombres entiers). Lorsqu'on a affaire à des ensembles infinis, il y a des limitations aux tâches qui peuvent *effectivement* être exécutées.

Quelles sont les tâches qu'il est effectivement possible d'exécuter ? Gödel, Church [7] et Turing ont donné des réponses différentes, mais, heureusement, il s'avère que ces réponses sont équivalentes. En bref, la tâche est possible s'il existe un ordinateur qui peut la mener à bien. L'ordinateur est un automate fini (Turing a montré qu'il pouvait être très simple) doté d'une mémoire illimitée et d'un temps de travail également illimité.

Avant de quitter Gödel, je voudrais mentionner une conséquence de son travail qui est pertinente à la pratique des mathématiques : des énoncés courts peuvent avoir des démonstrations arbitrairement longues. Que faut-il entendre par là ? Spécifiquement que, pour L donné,

le maximum de la longueur de la démonstration la plus courte d'un énoncé démontrable de longueur L

n'est pas une fonction effectivement calculable de la longueur L [8]. Dans la mesure où les fonctions usuelles (polynômes, exponentielles, exponentielles d'exponentielles, etc.) sont effectivement calculables, cela signifie que la longueur maximale de la démonstration croît plus rapidement avec L que tout ce que nous maîtrisons.

Reprenons : certains énoncés courts ont une démonstration très longue et donc difficile à trouver, et il n'existe au départ aucune garantie que cette démonstration existe réellement. De telles démonstrations sont dès lors hautement appréciées des mathématiciens.

À ce stade, vous vous demandez peut-être à quel jeu jouent les mathématiciens lorsqu'ils introduisent des notions contre-intuitives comme celle d'ensembles qui ne peuvent pas être construits à partir d'un algorithme ou de fonctions qui ne sont pas effectivement calculables. Est-ce réellement nécessaire ? Cela dépend de ce que vous voulez faire. Il y a des milliers d'années, il était important pour nos ancêtres de compter des têtes de bétail, des esclaves ou des boisseaux de blé. Le troc d'une de ces possessions pour une autre conduisait à des problèmes d'arithmétique élémentaire qui n'étaient, à l'époque, pas très faciles à résoudre, mais la question de fonctions non calculables ne se posait pas à ce moment-là. Cependant, certains de nos ancêtres ne se contentèrent pas de compter des moutons et de les échanger contre des amphores de vin ou d'huile : ils commencèrent à réfléchir aux nombres en général ; aux triangles et autres figures géométriques en général... C'est à moment là de l'Antiquité que les mathématiques sont nées. Pour analyser les propriétés des nombres ou des triangles, il n'est pas possible d'utiliser une approche directe et brutale en les examinant un à un : il y en a trop. En voulant parler de tous les éléments d'un ensemble infini de nombres ou de figures géométriques, l'homme entre dans le domaine des Dieux (comme aurait pu dire Platon). Dans le domaine des Dieux, on peut trouver des merveilles mathématiques :

des propriétés cachées des nombres entiers, des théorèmes de géométrie inattendus, etc. Cependant, tous les mystères ne sont pas dévoilés : il reste des questions qui seront peut-être résolues dans le futur. Ou peut-être ne le seront-elles pas et, à cause du théorème d'incomplétude de Gödel, nous ne serons jamais fixés. Les mathématiciens veulent pouvoir discuter des propriétés de tous les éléments des ensembles infinis, mais, dans les ensembles infinis, il peut y avoir des objets qui se dissimulent très loin. Et Platon serait sans doute heureux de voir que, si les Dieux nous ont permis de pénétrer dans leur domaine, ils ont cependant réussi à nous garder inaccessibles certains de leurs mystères.

13

Fondements

Les mathématiques de l'Antiquité s'intéressaient à des objets qui paraissaient naturels (des figures géométriques et des nombres) et utilisaient une méthode naturelle : la déduction logique à partir d'un petit nombre d'axiomes et de définitions acceptés une fois pour toutes. Le principe de la méthode axiomatique est resté pratiquement le même depuis, mais le nombre d'objets considérés a crû énormément alors que le langage et les techniques se diversifiaient.

Une description moderne des mathématiques, à la Bourbaki, mettrait l'accent sur les *structures* : certaines simples comme la structure de *groupe* [1], d'autres plus complexes comme la structure de *variété algébrique* mentionnée précédemment. Les structures simples s'étudient dans ce qu'on appelle la théorie des ensembles, l'algèbre, la topologie, etc., alors que des structures plus complexes apparaissent en géométrie algébrique ou en dynamique différentiable, par exemple. (Les groupes font partie de l'algèbre, alors que les variétés algébriques font partie de la géométrie algébrique.) Cette classification des sujets mathématiques est certainement utile, mais elle est un peu bureaucratique et il reste à évaluer combien elle est naturelle. À vrai dire, les mathématiques intéressantes se développent suivant des axes qui ne respectent pas forcément les vues structurelles des bourbakistes.

La diversification des sujets discutés en mathématiques modernes a été contrebalancée par des tendances unificatrices. Un des facteurs d'unification est l'apparition de connexions inattendues entre des sujets en apparence éloignés. Par exemple, un sujet connu sous le nom de *théorie des fonctions d'une variable complexe* [2] s'est avéré un outil indispensable dans un tout autre domaine : l'*arithmétique* (l'étude des entiers). La question non résolue la plus fameuse en mathématiques aujourd'hui est l'*hypothèse de Riemann*, une conjecture qui concerne les propriétés d'une fonction particulière d'une variable complexe et qui aurait des conséquences importantes pour notre connaissance des nombres premiers [3].

Le fait que l'entièreté des mathématiques puisse être basée sur un traitement axiomatique de la théorie des ensembles constitue également un facteur unificateur : c'est ce que nous avons vu dans le chapitre précédent. Les axiomes de base (par exemple ZFC) ont une signification intuitive qui les rend acceptables pour les mathématiciens modernes, de la même manière que les postulats d'Euclide étaient acceptables pour les Grecs.

Cependant, alors que les mathématiques de l'Antiquité étaient naturelles et attrayantes, on ne peut pas en dire autant des mathématiques actuelles. Alors que les anciens mathématiciens cherchaient la *vérité*, nous semblons rechercher les conséquences d'axiomes qui pourraient être remplacés par d'autres axiomes, qui auraient des conséquences différentes. Alors que les anciens jouaient avec des droites, des cercles et des entiers, nous avons introduit une pléthore de structures ésotériques. Si nous examinons les revues dans lesquelles les mathématiciens modernes consignent les résultats de leurs travaux, nous pouvons nous demander ce qu'ils ont en tête : pourquoi choisir ce problème ? Pourquoi faire telle hypothèse ? Quel est le sens de tout cela ?

Nous aimerions comprendre combien naturelles sont nos mathématiques actuelles. Je vois deux aspects à cette question : d'abord, le problème du caractère arbitraire des fondements (pourquoi ZFC ?) ; ensuite, le problème du caractère arbitraire des questions étudiées (pourquoi le dernier théorème de Fermat ?).

Je vais commencer par le problème des fondements des mathématiques, et accepter le point de vue suivant lequel toutes les mathématiques sont basées sur la théorie des ensembles [4]. C'est un point de vue largement partagé dans la pratique mathématique d'aujourd'hui, même si, peut-être, les mathématiciens du futur verront les choses autrement. Qu'en est-il cependant du choix spécifique des axiomes ZFC ?

Il est instructif de discuter le cas de l'axiome du choix (le C de ZFC). Ce que dit l'axiome du choix n'est pas essentiel à notre discussion et nous le reportons à la note [5]. Une conséquence bizarre de l'axiome du choix, le paradoxe de Banach-Tarski, apparaîtra dans une autre note [6]. Appelons ZF les axiomes de Zermelo-Fraekel sans l'axiome du choix. Gödel a prouvé que si ZF est consistant (c'est-à-dire si aucune contradiction ne découle de ces axiomes), alors ZFC est également consistant [7]. La consistance n'est donc pas en cause lorsque nous utilisons l'axiome du choix, mais il existe d'autres considérations. Certains mathématiciens n'aiment pas du tout l'axiome du choix et d'autres notent mentalement s'il est utilisé ou non dans une théorie donnée. Cependant, actuellement, la plupart des mathématiciens considèrent qu'ils obtiennent des mathématiques plus riches et plus intéressantes lorsqu'ils l'utilisent que sans lui [8]. Ce qui fait donc, aujourd'hui, de ZFC la base standard des mathématiques.

Cela signifie-t-il que la base axiomatique des mathématiques ne changera plus dans le futur ? Je pense personnellement qu'il y aura des changements, mais qu'ils seront lents.

Parmi les problèmes auxquels les mathématiciens se sont attaqués au cours des cent dernières années, certains ont obtenu une solution satisfaisante, comme la démonstration du dernier théorème de Fermat ou la classification des groupes finis simples [9]. Ces succès ont été obtenus au terme de démonstrations très longues (ce qui n'est pas trop surprenant au vu des résultats de Gödel sur la longueur des démonstrations, dont nous avons parlé dans le chapitre précédent). Pour certains problèmes, la preuve a été faite qu'ils étaient logiquement indécidables : c'est le cas du dixième problème de Hilbert sur les équations diophantiennes [10]. Finalement, certains problèmes n'ont pas trouvé de solution, comme l'hypothèse de Riemann.

L'hypothèse de Riemann (RH) est une conjecture technique qui, pour diverses raisons, a attiré l'attention et même la passion des mathématiciens. Cette conjecture concerne une certaine fonction, appelée *fonction zêta de Riemann*, et est relativement facile à formuler avec précision. Nous donnerons une formulation standard de RH dans une note [11], mais cela ne suffit pas à montrer pourquoi RH est intéressante. La première raison pour laquelle nous aimerions savoir si RH est vraie a été donnée par Riemann lui-même : RH entraîne des résultats détaillés sur les nombres premiers, qui semblent inaccessibles d'une autre manière mais que l'on pense être vrais. Une deuxième raison de notre intérêt est que RH semble extraordinairement difficile à démontrer. La dernière raison, qui est aussi la plus importante, est que RH est liée à des questions structurelles profondes. Les conjectures de Weil en particulier (que nous avons mentionnées précédemment, et qui ont été démontrées par Grothendieck et Deligne) contiennent une idée apparentée à RH dans un contexte sans rapport apparent. Bien qu'une discussion technique dépasse la portée de ce chapitre, nous allons à présent jeter un coup d'œil sur quelques implications logiques de RH, ce qui nous donnera une idée de la façon dont les logiciens pensent.

Techniquement, RH affirme qu'une certaine fonction (la fonction zêta de Riemann) ne s'annule jamais dans une certaine « région interdite » du plan complexe dans lequel elle est définie [11]. En particulier, si RH est *fausse*, on peut le prouver en trouvant un *zéro* dans la région interdite (ce qui peut se faire par calcul numérique). Supposons maintenant que RH soit *indécidable*. À cause de l'indécidabilité, il n'est pas possible de trouver un zéro dans la région interdite (en effet, cela prouverait que RH est fausse, et donc n'est pas indécidable). Mais s'il n'est pas possible de trouver un zéro, cela signifie qu'il n'y a pas de zéro dans la région interdite, c'est-à-dire que RH est vraie ! De manière plus précise, si RH est indécidable sur la base de ZFC *et* si ZFC est consistant (ne conduit pas à des contradictions), *alors* RH est vraie.

Nous venons de dire de RH peut être testée par des calculs numériques. En fait, le résultat d'un grand nombre de travaux numériques est clairement en faveur de RH. Cependant, alors que des calculs numériques pourraient démontrer avec certitude que RH est fausse, de telles vérifications numériques ne suffisent pas à prouver qu'elle est vraie. Les calculs numériques dont nous venons de parler ne peuvent être compris que comme des efforts pour *réfuter* RH. Ces efforts n'ont pas été jusque-là couronnés de succès. De nombreuses tentatives (non numériques) ont également été faites pour tenter de *démontrer* RH, mais également sans succès. Il semble raisonnable de dire qu'il n'y aura pas, dans un avenir proche, un supergénie qui apportera une démonstration ou une réfutation courte de RH. Si une démonstration existe, elle est probablement longue et difficile. Une remarque qui donne à réfléchir : RH pourrait avoir une démonstration, mais si longue, que les limites physiques de l'univers dans lequel nous vivons nous empêcheraient d'en venir à bout (il nous faudrait trop de papier, ou trop de temps d'ordinateur...).

Revenons à la possibilité que RH soit indécidable, c'est-à-dire qu'il n'existe ni démonstration ni réfutation. Nous sommes alors coincés et il semble que nous ne pouvons rien faire de plus. Cependant, il nous reste une possibilité, c'est d'essayer de *démontrer* que RH est indécidable. Il n'est pas inconcevable que ce soit possible, et le logicien Saharon Shelah a proposé ce qu'il appelle un *rêve* : *prouver que l'hypothèse de Riemann n'est pas démontrable dans PA, mais démontrable dans une théorie plus riche* [12]. Les initiales PA signifient « arithmétique de Peano » (voir note [4]), un système d'axiomes plus faible que ZFC. L'idée de Shelah est que l'on pourrait peut-être utiliser les techniques de la logique mathématique pour prouver l'indécidabilité de RH dans PA. Il en découlerait que RH est vraie si PA est consistante.

Les logiciens, qui regardent les mathématiques de l'extérieur (c'est-à-dire qui font de la métamathématique) peuvent donc atteindre une compréhension qui échappe au mathématicien ordinaire qui travaille à l'intérieur d'un système d'axiomes comme ZFC ou PA. Toutefois, sociologiquement, la plupart des mathématiciens ne montrent pas actuellement beaucoup d'enthousiasme pour les métamathématiques. Ils saluent Gödel et son théorème d'incomplétude, admirent la démonstration du fait que le dixième problème de Hilbert est indécidable, mais préfèrent travailler dans le domaine des *vraies mathématiques*, pour lequel ils possèdent un ensemble raffiné de techniques, d'intuition et de goût.

Cependant, les choses sont en train de changer. À l'heure actuelle, il nous est presque possible de dire que les mathématiques consistent dans l'étude des conséquences de ZFC, mais il est douteux que ce sera encore le cas dans un siècle. Que cela nous plaise ou non, il semble que la logique mathématique (la métamathématique) occupera une place importante dans le futur de nos mathématiques.

14

Structures et création de concepts

Nous avons vu au chapitre 3 que l'idée de structure mathématique est présente dans le programme d'Erlangen de Klein. Sous une forme différente, les structures dominent les *Éléments de mathématique* de Bourbaki. On peut dire que les structures imprègnent les mathématiques modernes, parfois de manière explicite, parfois non. Il n'en reste pas moins que le passage des axiomes de la théorie des ensembles à la définition de diverses structures (comme la structure de groupe, les géométries, etc.) peut paraître assez artificiel : nous aimerions comprendre si ces choix sont naturels ou arbitraires.

Cependant, avant de discuter l'origine des structures, je voudrais clarifier un point de terminologie au sujet des axiomes. Lorsque nous introduisons le concept de groupe, nous le faisons en imposant certaines propriétés qui doivent être satisfaites [1] : ces propriétés sont appelées des *axiomes*. Les axiomes qui définissent un groupe sont cependant de nature un peu différente des axiomes ZFC de la théorie des ensembles. Fondamentalement, chaque fois que nous faisons des mathématiques, nous acceptons ZFC : un article actuel de mathématiques utilise systématiquement des conséquences bien connues de ZFC (et généralement ne mentionne pas ZFC). Au contraire, les axiomes d'un groupe sont utilisés seulement quand ils sont nécessaires. Supposons que nous ayons, pour l'étude du problème sur lequel nous travaillons, introduit un produit $a.b$ entre des éléments a, b d'un ensemble G. Si ce produit satisfait aux propriétés requises pour un groupe (c'est-à-dire associativité, existence d'un élément unité et existence d'inverses), nous disons que l'ensemble G avec le produit « . » est un groupe. Il arrive que l'un des axiomes (par exemple l'associativité : $a.(b.c) = (a.b).c$) ne soit pas satisfait ; alors G n'est pas un groupe.

Les axiomes d'Euclide ont joué pour les Grecs un rôle équivalent à celui de ZFC pour nous. Aujourd'hui nous abordons la géométrie euclidienne de manière différente : en partant de ZFC, nous définissons les nombres réels, ensuite le plan euclidien (ou l'espace euclidien à trois dimensions). On peut alors vérifier que les points, les droites, etc. satisfont bien aux axiomes introduits par Euclide ou à leur reformulation par Hilbert [2]. Dans cette approche, la géométrie euclidienne se présente comme un concept dérivé.

Revenons aux structures. Pour discuter de leur signification en mathématiques, il nous faut nous souvenir de la nature duale du sujet. D'une part, les mathématiques sont une construction logique qui peut être identifiée aux résultats produits par une machine de Turing travaillant indéfiniment à cataloguer toutes les conséquences des axiomes ZFC. Cela est l'aspect mécanique, complètement *non* humain de notre sujet. D'autre part, les mathématiques sont une activité humaine parmi bien d'autres. Imaginons que vous soyez alpiniste, pour prendre un autre exemple d'activité humaine. L'escalade vous implique vous, un être humain, et le rocher sur lequel vous grimpez qui est complètement *non* humain. L'arête sur laquelle vous vous hissez ne vous attendait pas : elle est le résultat de l'érosion qui agit sur des sédiments, déposés à l'origine au fond de la mer il y a de nombreux millions d'années. Cependant, cette arête sur laquelle vous vous trouvez en équilibre précaire et la prise, heureusement excellente, que vous venez de trouver sont pleines de signification pour votre nature humaine : votre vie en dépend.

Les structures mathématiques ont donc une origine duale : en partie humaine et en partie purement logique. Les mathématiques humaines nécessitent des énoncés courts (à cause de notre mauvaise mémoire, etc.), mais la logique mathématique nous dit que des théorèmes dont l'énoncé est court peuvent nécessiter une très longue démonstration, comme l'a montré Gödel [3]. Naturellement, vous ne voulez pas refaire de nombreuses fois cette longue démonstration. Au lieu de cela, vous allez essayer d'utiliser de manière répétée le théorème court que vous venez de démontrer. Un outil important dans l'obtention d'énoncés courts est l'attribution de noms courts aux objets mathématiques qui apparaissent fréquemment. Ces noms courts décrivent de nouveaux concepts : nous voyons ainsi comment la création de concepts dans la pratique des mathématiques apparaît comme une conséquence de la logique inhérente au sujet d'une part et à la nature des mathématiciens humains d'autre part.

Des exemples ? Tous les succès obtenus en mathématiques ! En géométrie euclidienne, un concept qui méritait un nom est celui d'angle droit, et un théorème très utilisé est celui de Pythagore (qui fait usage du concept d'angle droit). Un exemple plus moderne est celui de fonction analytique [4]. Un théorème très utilisé dit qu'une *fonction analytique dans un domaine atteint son maximum à la frontière du domaine*. Les professionnels pourront ne pas aimer l'énoncé peu précis que je viens de faire [5] et qui sera utilisé au cours de discussions verbales plutôt que par écrit. En fait, des énoncés peu précis sont utiles comme formulations courtes de théorèmes plus longs « que tout le monde connaît ». En pratique, les mathématiques utilisent de nombreuses formulations courtes comme *l'image continue d'un ensemble compact est compacte* [6]. Il arrive qu'il soit simplement fait allusion au théorème, et un mathématicien pourra écrire : *par compacité, il est clair que...*

Dans la présentation que je viens de faire, j'ai essayé de donner une idée du « pourquoi » et du « comment » de la pratique mathématique : des démonstrations inévitablement longues, la préférence pour des formulations courtes et l'usage de bonnes définitions pour éviter les longueurs. Ce que nous obtenons en fin de compte est une *théorie mathématique* : une construction humaine qui, inévitablement, utilise des concepts introduits par des définitions. Les concepts évoluent avec le temps parce que les théories mathématiques ont une vie propre : non seulement de nouveaux théorèmes sont démontrés et de nouveaux concepts créés, mais, simultanément, les anciens concepts sont retravaillés et redéfinis. Pour le lecteur qui a étudié la topologie, je voudrais mentionner l'émergence d'un concept remarquablement utile et naturel : celui d'ensembles *compacts* [7]. Ceux-ci sont apparus d'abord parmi d'autres classes d'ensembles avec des définitions légèrement différentes. Finalement, le concept moderne d'ensemble compact a été retenu comme étant le « bon ».

Je trouve très satisfaisant de pouvoir expliquer la création de concepts en mathématiques comme la conséquence inévitable de la structure logique des mathématiques et des traits fondamentaux de l'esprit humain. Cette approche me paraît préférable à celle qui essayerait de comprendre la création de concepts *en général*, en oubliant la spécificité du substrat (fourni ici par la logique mathématique) et de l'esprit humain (avec sa mémoire déficiente, etc.).

Il nous faut cependant admettre que notre connaissance de la structure logique des mathématiques et du fonctionnement de l'esprit humain reste très limitée, ce qui fait que nous n'avons que des réponses partielles à certaines questions, alors que d'autres restent sans réponse.

Nous aimerions en particulier savoir si les mathématiques auraient pu être développées avec d'autres concepts que ceux qui nous sont familiers. Dans l'analogie avec l'escalade, la question serait de savoir s'il existe plusieurs voies vers le sommet, et c'est souvent le cas. En mathématiques aussi, la structure conceptuelle d'un sujet peut souvent être développée de différentes manières. Ainsi, le lecteur familiarisé avec la théorie de la mesure sait que certains de ses collègues choisissent d'utiliser la *théorie abstraite de la mesure* alors que d'autres préfèrent utiliser les *mesures de Radon* [8]. Les probabilistes (qui sont un peu isolés au sein de la communauté mathématique) étudient les mesures avec leur propre terminologie (*martingales*, etc.), leurs propres concepts et leurs propres intuitions. Il arrive également qu'une nouvelle branche des mathématiques, créée pour des raisons extra-mathématiques, s'avère d'un intérêt intrinsèque remarquable ou éclaire des domaines anciens des mathématiques. Ainsi, l'avènement des ordinateurs électroniques a conduit à développer une théorie des algorithmes avec de nouveaux concepts importants comme la *complétude NP* [9], qui sans cela auraient eu peu de chances de voir le jour. J'ai personnellement participé à un tel développement que je raconterai plus en détail dans un prochain chapitre : le concept d'*état de Gibbs* qui a été développé dans l'étude mathématique d'une branche de la physique appelée « mécanique statistique de l'équilibre ». Par la suite, les états de Gibbs se sont révélés des outils remarquables dans l'étude des difféomorphismes d'Anosov (bien que ceux-ci n'aient *a priori* rien à voir avec la mécanique statistique). Ces exemples contredisent l'idée suivant laquelle les bons concepts mathématiques sont uniquement le fruit de la nécessité mathématique ; il arrive que ce soit le cas, mais parfois aussi des concepts venus de l'extérieur s'avèrent puissants et finissent par être considérés comme naturels.

J'hésite à poser la question suivante : quelle pourrait être la structure de mathématiques non humaines ? Dans la comparaison avec l'escalade, il est clair que les problèmes rencontrés par un lézard ou par une mouche qui escalade une falaise sont totalement différents de ceux rencontrés par un alpiniste humain. Alors qu'il est difficile d'imaginer un mathématicien non humain [10], l'exemple des ordinateurs nous a montré qu'ils sont peut-être mieux équipés que nous pour traiter certains problèmes (parce qu'ils ont une meilleure mémoire, travaillent plus vite et font moins d'erreurs). Par ailleurs, si l'on y songe, la biologie (c'est-à-dire la sélection naturelle) fournit aussi un exemple d'intelligence non humaine : elle a résolu de nombreux et difficiles problèmes techniques et, qui plus est, a créé un cerveau capable de faire des mathématiques. Et pourtant, l'évolution procède d'une manière empirique qui semble être totalement *non conceptuelle* [11].

Pour revenir aux mathématiques humaines, nous avons vu pourquoi elles sont nécessairement basées sur des concepts ou, si vous préférez, sur des structures. Cependant, l'introduction explicite de structures, dans le sens moderne du terme (comme nous les avons rencontrées chez Bourbaki) est relativement récente. Par exemple, la structure abstraite de *groupe* apparaît seulement à la fin du XVIIIe siècle et au XIXe. Une fois introduites, ces structures se sont révélées extrêmement utiles et elles sont maintenant indispensables dans de nombreux domaines des mathématiques. Dans quelle mesure sont-elles inévitables ? Sont-elles la clef de voûte naturelle des mathématiques, finalement révélée aux XIXe et XXe siècles, ou s'agit-il d'un échafaudage, certes utile, mais artificiel ? En escalade, pensez à une *via ferrata* qui vous permettrait d'atteindre le sommet de la falaise avec un minimum d'effort.

Cette question du caractère naturel des structures mathématiques, pour autant qu'elle ait un sens, n'a probablement pas de réponse simple et claire. Voyez le sous-titre du traité de Bourbaki : *Les structures fondamentales de l'analyse*

[12]. De nombreux mathématiciens tomberaient d'accord sur le fait que les structures considérées par Bourbaki sont naturelles, et peut-être sont-elles inévitables. Il existe cependant une vue plus dynamique des structures, telle qu'elle a été proposée par Grothendieck, et qui a été décrite de la manière suivante : *On n'attaque pas un problème de front, mais on l'enveloppe et le dissout dans une marée montante de théories générales* [13]. Bien que la manière de faire de Grothendieck soit extrêmement structurelle, « hyperbourbakiste » pourrait-on dire, elle ne perd pas de vue les problèmes qu'elle espère résoudre ou dissoudre. Si le traité de Bourbaki peut être vu comme un musée de structures, Grothendieck a porté ses efforts vers le développement imaginatif d'idées générales en vue de comprendre d'anciens et de nouveaux domaines des mathématiques. Comme nous l'avons dit précédemment, le programme de Grothendieck a connu un succès extraordinaire et a conduit à la résolution de problèmes importants, généralement par d'autres mathématiciens.

En bref, nous pouvons dire que les structures générales constituent un outil remarquable pour l'étude de certaines branches des mathématiques. Elles sont utiles et paraissent naturelles et même incontournables aux mathématiciens humains contemporains, mais la question de savoir combien elles sont véritablement naturelles et inévitables demeure ouverte.

Nous examinerons par la suite avec plus de détails comment nous autres, humains, créons de nouvelles mathématiques. Dans cette optique dynamique, le choix des concepts ou des structures joue un rôle essentiel.

$$15$$

La pomme de Turing

Le plaisir de la compréhension et de la découverte mathématiques est difficile à décrire, mais n'en est pas moins extraordinaire. Puis-je répéter la vieille histoire de $\sqrt{2}$ (on sait que la diagonale d d'un carré de côté 1 est $\sqrt{2}$ ($d^2 = 1^2 + 1^2 = 2$) par le théorème de Pythagore) ? Est-il possible d'écrire d comme le quotient de deux entiers, c'est-à-dire pouvons-nous écrire $2 = m/n$? Non, parce que cela signifierait que $2\,n^2 = m^2$; or le nombre premier 2 apparaît un nombre pair de fois dans le produit représentant m^2, et un nombre impair de fois dans $2\,n^2$, donc $2\,n^2$ ne peut pas être égal à m^2.

Bien entendu, le fait que $\sqrt{2}$ est *irrationnel* (c'est-à-dire ne peut pas s'écrire sous la forme m/n) laisse une majorité de gens complètement indifférents : peut-être que la démonstration dépasse leurs capacités intellectuelles ou que, tout simplement, cela ne les intéresse pas. Puisque vous avez atteint le présent chapitre, vous ne faites sans doute pas partie de ces gens. Vous voyez que nous ne pouvons pas nous limiter à l'usage de nombres qui sont des quotients d'entiers, et vous comprenez que c'est une découverte extraordinaire. Cette découverte est vieille de deux millénaires et demi, elle a la beauté des statues grecques mais pas leur fragilité. La beauté des mathématiques est intemporelle. Ses multiples trésors sont constamment accessibles au visiteur : le fait que non seulement $\sqrt{2}$ mais aussi le nombre π soient irrationnels [1], que l'on puisse faire la liste de tous les groupes finis simples, le fait que certaines questions n'aient pas de réponse dans le cadre des axiomes ZF. En ce qui concerne ce dernier point (le théorème de Gödel), on peut dire que c'est par la logique mathématique qu'ont été apportées certaines des réponses les plus profondes à des problèmes philosophiques.

Il est possible d'apprécier certaines des beautés des mathématiques sans être mathématicien, tout comme il est possible d'apprécier la musique sans jouer d'un instrument ou être compositeur. Cependant, la recherche active en mathématiques apporte des satisfactions intellectuelles différentes de celles que peut éprouver un spectateur. Pour mener avec succès une carrière de chercheur en mathématiques, il faut (comme pour beaucoup d'autres activités) être doué au départ, mais il faut également avoir reçu un enseignement adéquat, avoir de la chance et travailler dur. Ce qui est spécifique aux mathématiques, comparées à d'autres sciences, c'est une très grande liberté, sans domaines tabous, ni doctrines secrètes. On vous demandera rarement de montrer vos diplômes, et il n'est pas nécessaire d'avoir l'air intelligent (certains essaient de paraître intelligents en fronçant les sourcils, en louchant, en regardant leurs pieds, ou le plafond comme s'ils consultaient le Tout-Puissant ; tout cela est sans importance, on peut l'oublier). Il est important d'être au courant du travail des collègues, mais la recherche en mathématiques n'est pas un travail d'équipe (la recherche scientifique, en dehors des mathématiques et de la physique théorique, est essentiellement un travail d'équipe). Ainsi donc, vous avez la possibilité d'échapper aux relations maître-esclave et à leurs ambiguïtés, fréquentes dans les organisations hiérarchiques. Bien sûr, il existe des mathématiciens qui veulent être maîtres, et d'autres qui demandent à être esclaves. Certains d'entre eux essayeront de vous faire entrer dans leur névrose personnelle, mais il est possible de les garder à distance si vous le souhaitez et si vous avez de la chance. La recherche mathématique est une entreprise hautement individuelle. Elle demande de l'agilité mentale et la patience de parcourir un labyrinthe logique morne et infini jusqu'à trouver quelque chose que personne n'avait compris avant vous : un nouveau point de vue, une nouvelle démonstration, un nouveau théorème.

René Thom m'a un jour fait remarquer que c'est seulement en mathématiques (et peut-être a-t-il ajouté en physique théorique) que l'on peut rencontrer de la pensée logique réellement non triviale. Il existe bien sûr de la pensée logique très subtile dans d'autres domaines, mais pas l'enchaînement très long d'arguments logiques rigides menant à des énoncés qui, par la suite, ne peuvent plus être mis en doute. En mathématiques, et en particulier en logique mathématique, nous manipulons les objets les plus éloignés de nous, les moins humains que l'esprit humain ait rencontrés. Cette distance glacée exerce sur certains individus une fascination irrésistible. Quels sont ces individus ?

Les mathématiciens constituent un groupe très disparate : des hommes et des femmes d'origine ethnique variée, possédant ou non d'autres dons en dehors des mathématiques, agréables ou désagréables ; ils peuvent être doués d'un solide sens de l'humour ou en être complètement dépourvus. Leur manière de faire de la recherche mathématique peut aussi varier grandement (je ne m'occupe pas ici de ceux qui, d'une certaine manière, sont en rapport avec les maths, mais disent qu'ils n'ont malheureusement plus le temps de faire de la recherche). Malgré cette grande diversité, un certain nombre de traits se retrouvent chez les mathématiciens de manière statistiquement significative. En fait, si certaines capacités sont nécessaires ou souhaitables chez un mathématicien, d'autres sont facultatives et il n'est pas étonnant que les mathématiciens soient statistiquement différents des joueurs de football par exemple. Il est cependant possible d'être à la fois un excellent mathématicien et un excellent joueur de football, comme le montre l'exemple de Harald Bohr [2]. Une autre raison qui contribue sans doute à rendre les mathématiciens différents du commun des mortels est que leur activité abstraite très intense peut avoir, à la longue, un effet sur leur santé et sur leur personnalité.

L'outil professionnel principal d'un mathématicien est son cerveau, et il doit être maintenu en bon état de fonctionnement, ce qui exclut la consommation excessive d'alcool ou de drogues à laquelle se livrent certains artistes. Bien sûr, beaucoup de mathématiciens boivent du café ou du thé qui leur permet de rester alertes. Le tabac peut également favoriser la concentration intellectuelle, quoique certains de ses effets secondaires soient catastrophiques. Dans les années 1960, la marijuana était largement utilisée dans les milieux académiques américains, entre autres par les mathématiciens, mais je n'ai jamais entendu dire qu'elle aidait leur travail. Curieusement, certains mathématiciens boivent un peu de vin pour ralentir leur fonctionnement intellectuel. Pourquoi ? C'est que certains individus à la pensée rapide accélérèrent de manière incontrôlée au cours d'une discussion ou de calculs, à un moment où il faudrait au contraire ralentir pour éviter de commettre des erreurs. Il se peut donc qu'une quantité modérée d'alcool ait un effet bénéfique sur eux. Dans le même ordre d'idées, un collègue m'a raconté qu'alors qu'il avait pris de la codéine pour des raisons médicales, il entreprit avec une grande patience un raisonnement mathématique long et compliqué ; il lui semblait avoir un temps infini à sa disposition. De manière générale, il est admis que les drogues ne nous rendent pas plus intelligents ; c'est pourquoi il n'y a pas parmi les mathématiciens les problèmes de drogue qui existent chez les athlètes et chez certains artistes. Naturellement, il existe un usage hédoniste du vin et d'autres drogues (légales ou, dans certains cas, illégales) qui mène parfois à des abus. Je crois cependant que le principal problème qui mérite d'être mentionné est celui qu'ont rencontré de nombreux collègues au moment où ils ont décidé d'arrêter de fumer et ont été, de ce fait, incapables de se concentrer sur leur travail pendant un certain temps.

Les nations civilisées essaient, en principe, de considérer leurs citoyens comme égaux devant la loi. Cependant, les dons naturels et l'environnement intellectuel sont répartis de manière très inégale. Ainsi donc, certains individus ne sont « pas bons en maths », alors que d'autres évoluent dans les problèmes mathématiques avec la facilité et l'apparente légèreté de danseurs dans un ballet classique. Pour cela, posséder une bonne mémoire à court terme est certainement un atout. Nous pourrions également mentionner la capacité de concentration ou une aptitude à la pensée abstraite, mais ce sont des concepts psychologiques assez confus et d'un intérêt limité pour comprendre la pensée mathématique.

Lorsque j'ai mentionné plus haut « échapper à une relation maître-esclave » ou « éviter l'implication dans les névroses d'autrui », vous avez peut-être pensé que vous aviez constamment à faire face à ce genre de problèmes et cela sans difficulté particulière. Cela signifie sans doute que vous êtes socialement bien adapté : vous communiquez facilement, vos « préférences sexuelles » sont acceptées par votre communauté, etc. De nombreux mathématiciens sont bien adaptés socialement, mais il est intéressant de constater que beaucoup ne le sont pas. Pourquoi ? Si vous êtes intelligent mais manquez d'aptitudes à communiquer, il est naturel que vous vous orientiez vers des activités qui exigent peu d'interactions sociales, ce qui inclut les mathématiques, la programmation informatique et certaines formes de création artistique. Que l'on pense par exemple au grand Kurt Gödel qui était préoccupé de manière obsessionnelle par sa santé et dont les aptitudes sociales étaient limitées. Il avait, on peut le supposer, une vie intérieure très riche, mais ses relations avec le monde extérieur semblent avoir passé largement par l'intermédiaire de sa femme Adèle. Lorsque Adèle souffrit de graves ennuis de santé, il dut faire face seul à ses problèmes, en particulier à l'idée obsessionnelle qu'on essayait d'empoisonner sa nourriture. Il finit par mourir d'inanition, assis sur une chaise d'hôpital, à Princeton, New Jersey.

Il existe un ensemble de symptômes psychologiques connus sous le nom d'autisme, où la communication, les relations sociales et l'imagination sont altérées. La nature de l'autisme n'est pas connue, mais elle comporte d'importants facteurs génétiques. Il a été avancé que « des caractéristiques autistiques modérées peuvent être à l'origine de l'obstination et de la détermination qui permettent d'exceller, spécialement lorsqu'elles sont combinées à un haut niveau d'intelligence » [3]. Newton, Dirac, Einstein pourraient être des exemples du *syndrome d'Asperger*, une forme d'autisme. C'est une affirmation intéressante, mais elle doit être prise avec prudence, puisque Newton, Dirac et Einstein n'ont pas été diagnostiqués médicalement pour le syndrome en question. De toute manière, je pense qu'il y a quelque chose de spécial chez de nombreux mathématiciens (pas chez tous) : une certaine rigidité de pensée et de comportement. Les données sur lesquelles je fonde cette opinion sont anecdotiques et non cliniques. Pour être plus précis, de nombreux mathématiciens de ma connaissance répondront avec un luxe de détails excessif à une question posée au hasard d'une conversation (disons sur les règles du jeu de dames ou la généalogie des familles féodales au Japon) ou trouveront des difficultés logiques dans des assertions qui ne posent pas de problèmes à la plupart des gens. Ou peut-être vous demanderont-ils de répéter une plaisanterie, et ensuite de vous expliquer pourquoi elle est drôle. Je dois dire que, grâce au ciel, tous les mathématiciens ne sont pas comme cela. Ils présentent une grande variété de types psychologiques et même des désordres psychiatriques, dans la mesure où ceux-ci ne diminuent pas l'intelligence. Des tendances paranoïaques, maniaco-dépressives ou obsessionnelles ne sont pas rares chez les scientifiques en général, mais nombre d'entre eux sont par ailleurs désespérément normaux et ennuyeux.

Une spécificité des mathématiciens est que, dans leur vie professionnelle, ils doivent réagir de manière différente de la plupart des gens. Si vous participez à un débat public ou que vous pratiquez une intervention chirurgicale délicate, vous pouvez être amené à prendre des décisions rapides : certaines décisions sont meilleures que d'autres, mais hésiter ou ne pas prendre de décision est la plus mauvaise solution. Si, au contraire, vous travaillez sur une démonstration mathématique, et que tout à coup vous n'êtes plus sûr de ce que vous faites, vous devez vous arrêter, prendre votre temps et vous assurer que votre raisonnement est complètement inattaquable. Avec un certain type de personnalité, vous serez excellent dans un débat télévisé, mais vous ferez un piètre mathématicien. Inversement, vous pouvez être un grand mathématicien et paraître totalement perdu et pathétique sur un plateau de télévision.

Nous venons d'indiquer qu'un certain type de personnalité peut faciliter une carrière de mathématicien. En toute logique, il nous faut également admettre que la pratique des mathématiques peut avoir une influence sur la personnalité. Je pense qu'il en est ainsi, simplement parce que la recherche mathématique de haut niveau est un travail très dur. La liste de grands mathématiciens ayant souffert de dépression nerveuse est impressionnante bien qu'anecdotique. Dans sa biographie de David Hilbert [4], Constance Reid ne consacre que quelques lignes à la disparition de Hilbert dans un sanatorium, pour plusieurs mois, à la suite d'une dépression nerveuse. Elle mentionne, à ce propos, la dépression nerveuse antérieure et plus grave de Félix Klein, et rapporte l'opinion de Courant [5] suivant laquelle « presque tous les grands hommes de science qu'il a connus ont été sujets à de profondes dépressions ». On pourrait comparer le travail mathématique de haut niveau à l'escalade de sommets très élevés : ce sont des performances remarquables, mais dangereuses. L'esprit dans un cas, le corps dans l'autre sont poussés à leurs limites et il y a un prix à payer. Outre les dépressions nerveuses, la manière dont les mathématiciens surchargent leur cerveau conduit souvent à la distraction et à l'absence de sens pratique (les poètes ont également cette réputation). Il se peut qu'un autre résultat de cet excès d'activité intellectuelle soit la calvitie, fréquente parmi les intellectuels.

Les mathématiciens qui font de la recherche travaillent dur, mais vivent jusqu'à un certain point dans une tour d'ivoire qui les préserve de certains des problèmes relationnels de la « vie réelle ». Ces problèmes non résolus peuvent cependant refaire surface brutalement et exiger qu'on leur prête attention. L'histoire du mathématicien anglais Alan Turing [6] en est un exemple.

Né en 1912, c'est dans les années 1930 que Turing apporta sa contribution scientifique la plus connue, avec le concept d'ordinateur universel, connu de nos jours sous le nom de machine de Turing. Il fit une description précise d'un automate fini doté d'une mémoire infinie, capable de reproduire tout calcul effectué par n'importe quel autre automate du même type. Ce qui revient à dire que si vous avez un ordinateur digital adéquat, vous pouvez le programmer de telle façon qu'il effectue n'importe quel calcul mené à bien par n'importe quel autre ordinateur. Les ordinateurs programmables n'existaient pas encore à l'époque : c'était une idée nouvelle qui cristallisait le concept de calculabilité et clarifiait le travail de Gödel. Le décryptage par Turing du code secret *Enigma*, utilisé par les sous-marins allemands au début de la Seconde Guerre mondiale, fut d'une importance historique capitale. Il assura aux forces alliées le contrôle de l'Atlantique. Turing travailla également au développement des ordinateurs électroniques et mit son grain de sel dans le débat portant sur la question de savoir si les ordinateurs sont capables de « penser » (le test de Turing [7]). Enfin, il apporta une contribution fondatrice à la compréhension de la manière dont se créent les structures spatiales (*morphogenèse*) en termes de réactions chimiques et de diffusion. En un sens, Turing était l'un de ces personnages originaux qui se livrent à des expériences chimiques dangereuses dans l'évier de la cuisine (il utilisait du cyanure de potassium [8]), et ont diverses idées d'apparence farfelue. Cependant, les idées de Turing étaient bonnes : ses contributions à la science et à notre compréhension du monde sont remarquables et ne peuvent plus en aucun cas être ignorées ou oubliées.

Turing était sans prétention dans la manière dont il s'habillait et interagissait avec ses collègues. Frank Olver [9] se souvient de lui lorsqu'il travaillait dans une équipe qui effectuait de longs calculs numériques (sur des calculatrices de bureau) pour tester un algorithme : on avait dû l'éliminer parce qu'il commettait trop d'erreurs ! À ceux qui l'ont rencontré, il paraissait sans doute peu impressionnant.

Turing, par ailleurs, était homosexuel ce qui, en Angleterre en 1952, était illégal. Il fut pris. Ayant plaidé coupable d'un « acte de grossière indécence », il eut à choisir entre une peine de prison et un traitement médical. Il choisit ce dernier qui consistait en injections d'hormones féminines pendant une période d'un an. Ce traitement de l'homosexualité masculine (suivant les idées médicales de l'époque) était en fait une castration chimique, en principe réversible, à l'inverse de la castration chirurgicale pratiquée à cette époque dans certains États des États-Unis [10].

Parce que les idées reçues sur l'homosexualité ont changé, le traitement hormonal subi par Turing peut nous sembler absurde et barbare. Pourtant, il faut dire que la

Grande-Bretagne des années 1950 n'était pas l'Allemagne nazie ni l'Union soviétique. C'était une nation très civilisée où l'homosexualité jouait un rôle culturel important dans la haute société. Turing, malheureusement, avait trop de cette rigidité fréquemment rencontrée chez les mathématiciens et pas assez de l'hypocrisie fréquemment rencontrée dans les classes privilégiées. Il supporta l'humiliation sociale et le traitement hormonal mieux qu'on aurait pu s'y attendre ; mais, un jour de juin 1954, on le trouva mort dans son lit, empoisonné au cyanure avec, à côté de lui, une pomme dont il avait mordu plusieurs bouchées. Il avait apparemment utilisé une pomme empoisonnée pour se suicider. Nous aimerions comprendre ce qui l'a mené à prendre cette décision, mais il n'a pas laissé d'explication. Il n'a répondu ni à vos questions ni aux miennes. La pomme a été une réponse, définitive, à ses propres questions.

16

L'invention mathématique :
psychologie et esthétique

De nombreux mathématiciens se sont penchés sur la psychologie de l'invention mathématique. Que nous apporte l'introspection ? Henri Poincaré [1] et Jacques Hadamard [2] mentionnent un phénomène remarquable qu'ils ont observé personnellement, et que nombre d'autres mathématiciens ont observé également. Après avoir travaillé pendant un certain temps sur un problème (la période de *préparation*) et n'avoir pas réussi à le résoudre, ils avaient abandonné. Soudain, un jour, une semaine, ou plusieurs mois plus tard (période d'*incubation*), au réveil ou au cours d'une conversation anodine, la solution leur était apparue. Cette *illumination* (comme l'appelle Hadamard) arrive sans prévenir, d'une direction qui peut être différente de celle de la recherche précédente. L'illumination est immédiatement convaincante, bien qu'elle nécessite ensuite une confirmation sérieuse. Ce dernier stade de *vérification* (qui doit confirmer et vérifier la solution) peut démontrer que l'« illumination » était fausse et qu'il ne reste plus qu'à l'oublier. Cependant, la plupart du temps, la solution apportée par les Dieux se révèle correcte. Au lieu des *Dieux*, certains préféreront parler de l'*inconscient*. Pour d'autres, l'inconscient n'est pas plus satisfaisant que les Dieux. Je vais donc poursuivre la discussion avec prudence.

L'état de conscience est un concept introspectif : lorsque vous êtes à vélo ou que vous conduisez une voiture, vous pouvez décider consciemment de tourner à droite. Cependant, de nombreuses actions auxquelles vous deviez penser lorsque vous avez appris à rouler à vélo ou à conduire une voiture (comme garder votre équilibre ou mettre le pied sur le frein) sont maintenant rendues automatiques par la mise en œuvre de processus mentaux inconscients. Vous pouvez donc par introspection reconnaître les processus mentaux conscients, et en inférer que de nombreux autres processus sont inconscients. Ces nombreux processus inconscients sont de nature très disparate et il est probablement trompeur de les regrouper sous le vocable de l'inconscient. De plus, dans la mesure où la conscience est introspective, comment pouvez-vous savoir si votre conjoint, votre chat ou votre PC sont doués de conscience ?

Je ne désire pas m'enliser dans les problèmes généraux de la conscience, de l'inconscient, de la nature de la pensée, de la compréhension, de la signification, de l'immortalité de l'âme, etc. Ce sont, bien entendu, des problèmes intéressants, mais leur étude se heurte à d'énormes difficultés méthodologiques. Mon attitude, ici, sera d'examiner ce qu'il est possible de dire sur certains de ces problèmes dans un cas particulier, méthodologiquement favorable : celui du travail mathématique.

Je vais commencer par supposer que les mathématiciens (et probablement beaucoup d'autres gens) ont, comme moi, une notion introspective de la conscience. Nous avons dès lors à examiner l'affirmation de certains mathématiciens éminents, selon laquelle une partie importante de leur travail mathématique se fait inconsciemment. Nous venons de voir que Hadamard, à la suite de Poincaré, distingue dans le travail mathématique un stade conscient de *préparation*, un stade inconscient d'élaboration ou *incubation*, une *illumination* qui ramène à la pensée consciente et un stade conscient de *vérification*. La phase d'incubation est décrite comme étant de nature *combinatoire* : les idées sont assemblées de diverses manières, jusqu'à obtenir la bonne combinaison ; Hadamard estime que le choix est fait sur une base *esthétique*. Il voit le raisonnement mathématique comme généralement constitué de plusieurs parties, chacune avec sa structure de préparation, d'incubation, d'illumination et de vérification : la vérification d'une partie mène à la formulation précise d'un *résultat-relais* qui peut ensuite être utilisé dans la préparation de l'étape suivante du raisonnement. Suivant de nombreux témoignages, la pensée mathématique n'est pas nécessairement basée sur le langage : les concepts utilisés peuvent être non verbaux, associés à de vagues éléments visuels, auditifs ou musculaires. Hadamard dit que lui-même pense en termes de concepts non verbaux et que, par la suite, il doit faire un effort sérieux pour traduire sa pensée en mots. Einstein, dans une lettre à Hadamard, indique que sa propre réflexion scientifique est de nature combinatoire non verbale. En ce qui concerne la conscience, il écrit : « Il me semble que ce que vous appelez pleine conscience est une situation limite qui n'est jamais complètement atteinte. Cela me semble lié à la notion d'étroitesse de la conscience (*Enge des Bewusstseins*) » [3].

Où en sommes-nous ? Pouvons-nous ajouter quelque chose aux paroles de grands maîtres comme Poincaré, Hadamard et Einstein ? Je pense que nous le pouvons et que nous le devons. D'abord parce qu'aucun de ces éminents hommes de science n'a défendu la philosophie du *magister dixit* (c'est-à-dire : le maître a parlé et cela clôt le débat). Ensuite, parce que le paysage intellectuel a changé depuis la parution du merveilleux petit livre d'Hadamard. J'ai abordé précédemment les connaissances que nous avons acquises sur la mémoire à court et à long terme : une partie du temps d'incubation est probablement occupée par le stockage dans la mémoire à long terme du travail de la période de préparation, ce qui explique pourquoi, après avoir travaillé pendant un certain temps sur un problème (ce qu'Hadamard appelle le temps de préparation), il est souvent bon de le laisser de côté pendant un moment.

L'existence d'ordinateurs digitaux puissants a modifié considérablement notre paysage intellectuel. Nous voulons maintenant comparer les performances de l'esprit humain à celles des ordinateurs et nous nous demandons naturellement s'il serait possible de programmer un ordinateur pour qu'il rivalise avec l'esprit humain. Dans cet ordre d'idées, nous avons noté que l'ordinateur vient facilement à bout, sans erreur, de longs calculs numériques, mais que la traduction d'une langue à une autre lui demeure difficile. En effet, une langue ne consiste pas seulement en un dictionnaire et des règles de grammaire ; elle possède également de nombreuses règles non écrites et un vaste corpus de références que nous utilisons pour produire des énoncés nuancés, idiomatiques et raisonnablement dénués d'ambiguïté. Il est sans doute significatif que les règles du langage sont difficiles à programmer sur un ordinateur mais sont (en partie) nécessaires pour faire des mathématiques.

Un mathématicien qui a finalement compris une question peut, par la suite, dire que, après tout, elle était très simple. Cependant, c'est en général une impression erronée. En fait, lorsque notre mathématicien commence à mettre les choses par écrit, leur complexité apparaît et peut finir par prendre des proportions redoutables. Un énoncé mathématique simple, tout comme une phrase simple en français, ne prend en général son sens qu'avec, à l'arrière-plan, un énorme ensemble contextuel.

Pour en revenir aux ordinateurs, j'aime jouer avec l'idée qu'ils pourraient être programmés pour inventer de bonnes mathématiques ! Ce qui amène la question évidente : comment nous programmons-nous, nous-mêmes, pour faire de bonnes mathématiques ? Suivant l'usage professionnel, ce que j'appelle « faire des mathématiques » est un processus actif, constructif. Imaginer les propriétés d'un objet mathématique et essayer de les démontrer, c'est « faire des mathématiques ». Par exemple, l'objet mathématique peut être une classe de *systèmes dynamiques*, ou un théorème appliqué à ces systèmes, ou un article que vous êtes en train d'écrire sur ce sujet. En lisant un article mathématique, vous pouvez ou non « faire des mathématiques » suivant que vous élaborez ou non une construction dans votre esprit. « Faire des mathématiques », c'est donc travailler à la construction d'un objet mathématique, et cela ressemble à d'autres activités créatrices de l'esprit dans le domaine scientifique ou artistique. Cependant, alors que l'activité mentale de la création mathématique est d'une certaine manière apparentée à la création artistique, nous devons garder présent à l'esprit le fait que les objets mathématiques sont très différents des objets artistiques rencontrés en littérature ou en musique par exemple.

L'idée suivant laquelle la création artistique et le travail créatif en mathématiques sont apparentés nous ramène à l'idée de Hadamard que les bonnes idées en mathématiques sont sélectionnées sur des bases esthétiques. Einstein avait d'ailleurs affirmé la même chose au sujet de son propre travail en physique mathématique. Nous faut-il dès lors admettre que les bons mathématiciens sont doués esthétiquement dans d'autres domaines comme la littérature, la peinture, la musique, etc. ? La réponse est négative : de nombreux scientifiques s'essaient à la littérature en écrivant leur autobiographie, d'autres peignent ou jouent d'un instrument : les résultats sont souvent honorables, mais rarement remarquables. Dans de nombreux cas, des scientifiques de valeur ont une production artistique assez médiocre [4].

La compétence esthétique en mathématiques est donc distincte de la compétence artistique. Nous est-il possible d'analyser cette compétence esthétique ? N'avons-nous pas atteint ici le domaine de l'inconnaissable ? Pour ma part, je pense que la compétence esthétique en mathématiques est plus facile à analyser que la compétence artistique. Avant d'en discuter, je voudrais rappeler une modification du paysage intellectuel depuis le temps de Poincaré, Hadamard et Einstein : nous sommes devenus beaucoup plus conscients du fait que l'art dépend des traditions culturelles et que ces traditions culturelles sont diverses.

Le goût pour Bach ou Beethoven est un goût acquis, comme le goût du bon vin, ou le goût pour les bonnes mathématiques. Cela ne signifie pas qu'il faille être un musicien professionnel pour aimer Bach et Beethoven ni pour comprendre qu'ils ont maîtrisé des compositions d'une taille et d'une complexité impressionnantes. Nous sommes capables d'en juger parce qu'une certaine tradition musicale nous est familière. Exposés à une musique non familière, nous pouvons l'aimer ou non, mais nous sommes incapables de dire si elle est joyeuse ou triste, si elle est bonne ou médiocre. Les traditions changent, bien entendu, et Bach et Beethoven ont tous deux modifié le cours de la musique occidentale.

Une grande partie de ce que nous venons de dire de la musique (ou de l'art) est également vrai des mathématiques (ou de la science) : il est possible de distinguer différentes cultures mathématiques qui dépendent de l'époque et du lieu, et des sous-cultures correspondant à différentes écoles, approches ou domaines des mathématiques. On peut ainsi distinguer une tradition française d'une tradition russe, le style algébrique du style géométrique. À l'intérieur d'une culture ou d'une sous-culture, certains concepts (comme celui de *structure de groupe*), et certains faits (comme le *théorème de la fonction implicite* [5]) sont bien connus. Mais où donc est l'esthétique ? Où sont le bon et le mauvais goût ? Comme il m'est impossible de donner les définitions et les détails, les exemples que je vais esquisser resteront un peu vagues pour les non-mathématiciens. Pour ce qui est des mathématiciens, ils comprendront ce que je veux dire et construiront leurs propres exemples détaillés.

Supposons que vous êtes en train de rédiger un article scientifique et que, à partir d'un objet mathématique a, vous construisez un objet b. Il se peut qu'il existe un groupe G apparaissant naturellement dans ce problème et tel que b soit l'inverse a^{-1} de a dans G, et que ce fait soit d'une grande aide dans la construction de $b = a^{-1}$. Ne pas réaliser que le groupe G est présent et visible comme le nez au milieu de la figure serait un exemple de mauvais goût. Un exemple de bon goût serait de prouver un théorème difficile en appliquant de manière habile le théorème de la fonction implicite dans un espace de Banach. Le théorème de la fonction implicite est bien connu, mais il vous faudra sans doute faire preuve d'habileté pour choisir l'espace de Banach et la fonction à laquelle vous allez appliquer le théorème. Si vous y arrivez, vous obtiendrez sans doute une démonstration courte de ce qui, sans cela, aurait été un résultat difficile [6].

Le bon goût mathématique consiste donc dans l'usage intelligent des concepts et des résultats disponibles dans la culture mathématique ambiante, en vue de résoudre de nouveaux problèmes. La culture ambiante évolue parce que les concepts clés et les résultats changent, lentement ou brutalement, et sont remplacés par de nouvelles balises dans le paysage mathématique.

L'esthétique mathématique, bien que dépendante de la culture, n'est pas une mode dénuée de sens. Souvenez-vous du fait qu'à des énoncés courts peuvent correspondre des démonstrations très longues, mais que la pratique mathématique courante essaie de faire usage de raccourcis, de l'application simple de « théorèmes bien connus », en ne pensant plus aux difficiles démonstrations de ces théorèmes. Une culture mathématique donnée, à une époque donnée, fait référence à des théorèmes standard, à des procédures, à des manières de penser qui définissent cette culture. C'est ainsi qu'un mathématicien contemporain doit connaître le théorème de la fonction implicite et le théorème ergodique, et être capable de les appliquer. Notez cependant en passant que le théorème ergodique, par exemple, ne faisait pas partie du paysage culturel d'Henri Poincaré : il est mort en 1912 alors que ce théorème date de 1932 [7].

Le paysage intellectuel d'une culture mathématique donnée possède donc ses théorèmes standard, sa terminologie et des idées acceptées de tous : au lieu de constituer une mode arbitraire, ils constituent une manière efficace de faire des mathématiques. Il faut cependant admettre que les contingences historiques jouent un certain rôle dans le choix des théorèmes standard, de la terminologie et de ce qui est considéré comme de la recherche intéressante. Dans ce sens, la mode joue un rôle en mathématiques.

Pour finir, je dois répéter que, en mathématiques comme en art, les paysages changent. Il y a des âges d'or, mais aussi de longues périodes de grise médiocrité. Certaines innovations mènent à des culs-de-sac, des impasses. Certains innovateurs ont leur période de gloire puis sombrent dans l'oubli. D'autres modifient le paysage intellectuel de manière durable.

17

Le théorème du cercle de Lee et Yang et un labyrinthe de dimension infinie

Adolescent, j'ai été exposé à un style particulier de chanson populaire polonaise aux voix féminines très perçantes, criardes même. J'aimais beaucoup ce style, mais, malheureusement, depuis de nombreuses années, je n'ai plus eu l'occasion d'entendre chanter de cette manière. Je ne parle pas polonais et je ne comprenais donc pas le sens des chansons, mais cela n'avait pas beaucoup d'importance, ce qui comptait, c'était la façon très particulière dont elles étaient chantées.

Je voudrais maintenant vous confronter à un peu de mathématiques ; plus précisément, à un petit texte mathématique présenté de manière assez informelle, choisi parce qu'il fait appel à des concepts standard et sera facilement compris des mathématiciens. Quant à mes lecteurs non mathématiciens, ils se trouveront (pour la durée du prochain paragraphe) dans la même situation que moi vis-à-vis des chansons en polonais : capables d'apprécier, à défaut du sens détaillé, au moins la mélodie et la façon de chanter.

Au cours de l'étude d'un problème de mécanique statistique, les physiciens T. D. Lee et C. N. Yang ont rencontré une classe particulière $\mathcal{P}$ de polynômes :

$$P(z) = \sum_{j=0}^{m} a_j z^j$$

Les polynômes P dans $\mathcal{P}$ qu'ils pouvaient analyser avaient toutes leurs racines sur le cercle unité complexe $\{z : z = 1\}$ et ils émirent l'hypothèse que c'était toujours le cas. S'ils pouvaient trouver une matrice unitaire U telle que P(z) soit le polynôme caractéristique de U, c'est-à-dire P(z) = det(z I − U), leur conjecture était démontrée.

C'est une idée qui doit venir à l'esprit de toute personne familière des mathématiques, mais, dans ce cas-là, elle n'est d'aucune aide. Lee et Yang étaient assez bons mathématiciens pour arriver à démontrer leur théorème, mais la démonstration n'est pas facile. Il existe maintenant des démonstrations plus simples, dues en particulier au travail de T. Asano. Pour démontrer le « théorème du cercle de Lee-Yang » (que nous formulerons ultérieurement), on remplace le polynôme P de degré m en la variable z par un polynôme $Q(z_1,..., z_m)$ à m variables, séparément de degré 1 en chacune des variables $z_1,..., z_m$. On s'intéresse à la classe $\mathcal{Q}$ de tels polynômes pour lesquels

$Q(z_1,..., z_m) \neq 0$ quand $|z| < 1, ..., |z_m| < 1$.

Dès lors, si $P(z) = Q(z,..., z) = 0$ et si Q est dans $\mathcal{Q}$, les racines ξ de P sont telles que $|ξ| \geq 1$. (Dans le cas particulier considéré par Lee et Yang, il existe une symétrie $z \to z^{-1}$, de telle manière que $|1/ξ| \geq 1$, d'où $|ξ| = 1$.) Il est clair que, si $Q(z_1,..., z_m)$ et $Q(z_{m+1}, ..., z_{m+n})$ sont dans la classe $\mathcal{Q}$, alors

$$Q(z_1,..., z_m)\, Q(z_{m+1}, ..., z_{m+n})$$

est aussi dans la classe $\mathcal{Q}$. Nous décrivons à présent une opération moins évidente appelée contraction d'Asano, qui conserve $\mathcal{Q}$. Écrivons :

$$Q(z_1,..., z_m) = A\, z_j\, z_k + B\, z_j + C\, z_k + D$$

où A, B, C, D sont des polynômes dans les variables $z_1, ..., z_m$, excepté z_j et z_k, alors la contraction d'Asano remplace les deux variables z_j, z_k par une seule variable z_{jk}, de telle manière que :

$$A\, z_j\, z_k + B\, z_j + C\, z_k + D \to A\, z_{jk} + D$$

Partis d'un polynôme Q à m variables, nous nous retrouvons avec un polynôme à m − 1 variables, qui est à nouveau dans $\mathcal{Q}$ si Q est dans $\mathcal{Q}$. (Ceci est un exercice facile : la racine de $Az_{jk} + D$ vaut moins le produit des deux racines de $Az^2 + (B + C)z + D$). On peut vérifier que les polynômes à deux variables de la forme

$$z_j\, z_k + a_{jk}(z_j + z_k) + 1$$

sont dans $\mathcal{Q}$ si a_{jk} est réel, et $-1 \le a_{jk} \le 1$ (poser le polynôme = 0 donne une application $z_j \to z_k$, qui est une involution envoyant l'intérieur du cercle unité à l'extérieur.) En prenant un produit de polynômes comme ci-dessus, en effectuant des contractions d'Asano et en égalant toutes les variables à z nous obtenons le théorème du cercle de Lee-Yang : Pour $a_{jk} = a_{kj}$ réel, $-1 \le a_{jk} \le 1$, le polynôme

$$P(z) = \sum_{X \subset \{1, ..., m\}} z^{|X|} \prod_{j \in X} \prod_{k \in X} a_{jk}$$

a toutes ses racines sur le cercle unité [1].

La présentation que je viens de faire n'est pas très difficile du point de vue mathématique, mais pour un mathématicien professionnel elle constituera sans doute un changement bienvenu et rafraîchissant après des considérations *sur* les mathématiques : ici ce *sont* des mathématiques. Vous remarquerez que je n'ai fait qu'esquisser les détails de la démonstration parce que le lecteur est supposé avoir suffisamment de connaissances techniques pour les compléter (ou se dire « oui, bien sûr »). Les connaissances techniques supposées contiennent en particulier un théorème sur les polynômes caractéristiques des matrices unitaires (mentionné mais non utilisé), et le théorème fondamental de l'algèbre [2] (utilisé mais non mentionné). Nous sommes loin ici d'une déduction formelle basée sur les axiomes ZFC. Il serait cependant facile (pour un mathématicien professionnel) de faire une présentation beaucoup plus formelle. Et chacun des détails de cette présentation formelle pourrait alors, en principe, être développé en un texte complètement formel. Donc, en principe, l'énoncé et la démonstration du théorème du cercle de Lee-Yang pourraient s'écrire de manière totalement formelle permettant une vérification mécanique. Je pense que de tels textes finiront par être écrits et vérifiés par ordinateur : cela me semble la seule manière de détecter les erreurs dans les démonstrations, erreurs qui sont en passe de devenir un sérieux problème pour l'avenir des mathématiques. Je reviendrai sur cette question dans un chapitre ultérieur.

Une démonstration totalement formelle du théorème du cercle de Lee-Yang serait très longue et tout à fait illisible et invérifiable par un mathématicien humain. On pourrait dire que les mathématiques humaines sont une sorte de danse autour d'un tel texte formel : on peut se convaincre qu'il serait possible d'écrire ce texte, mais on ne l'écrit pas. Quel est alors le statut du texte que je viens de présenter plus haut ? C'est un échantillon de mathématiques humaines, qui permet au lecteur d'être rapidement et efficacement convaincu de la correction (c'est-à-dire de la formalisabilité) d'une certaine déduction ; il utilise des idées plutôt que des énoncés formels.

Qu'est-ce qu'une idée ? Ou, plus précisément, qu'est-ce qu'une idée mathématique ? En essayant d'être pragmatique plutôt que profond, je dirai qu'une idée est un court énoncé en langage mathématique humain qui peut être utilisé dans une démonstration mathématique humaine (l'énoncé peut être une conjecture ou un commentaire). Comme exemple, je voudrais identifier les idées principales du paragraphe ci-dessus consacré à Lee-Yang. J'en vois trois. La première est la conjecture d'un théorème (les polynômes d'une certaine forme ont leurs zéros sur le cercle unité). La deuxième est le remplacement de l'énoncé concernant le polynôme $P(z)$ par un énoncé au sujet d'un polynôme $Q(z_1,..., z_n)$. Ces deux premières idées sont dues à Lee et Yang. La troisième idée est celle de la contraction d'Asano (due à Asano). Aucune de ces trois idées n'est évidente (la seconde remplace l'idée évidente d'exprimer $P(z)$ comme un polynôme caractéristique). Ces trois idées s'expriment de manière succincte. En fait, après quelques minutes d'explication, un mathématicien professionnel peut commencer à mettre par écrit une démonstration du théorème du cercle de Lee-Yang. Par contre, deviner le théorème ou trouver tout seul sa démonstration sont des tâches difficiles. J'ai énoncé trois idées principales, les idées secondaires peuvent être interpolées automatiquement par un mathématicien professionnel.

Je reviendrai dans un moment sur le fait qu'un théorème peut avoir une démonstration simple mais difficile à trouver. Avant cela, je veux demander pourquoi le théorème de Lee-Yang possède une démonstration simple. Nous avons vu comment, suivant Gödel, certains théorèmes à l'énoncé court peuvent avoir une démonstration longue. Nous ne sommes donc pas étonnés du fait que le théorème de Lee-Yang soit difficile à démontrer, mais nous pouvons être surpris par le fait qu'une démonstration simple ait malgré tout été trouvée. En voici la raison : nous avons à notre disposition un certain nombre de résultats qui ont demandé de longues démonstrations et que nous n'avons plus à prouver (par exemple, le théorème fondamental de l'algèbre mentionné précédemment). Le bagage culturel d'un mathématicien d'aujourd'hui contient des outils techniques qui lui permettent de traiter efficacement un grand nombre de problèmes (notre panoplie d'outils techniques résulte de la sélection d'outils efficaces par notre évolution culturelle). Une démonstration simple du théorème de Lee-Yang n'est donc pas une démonstration courte partant des axiomes ZFC, c'est une démonstration courte partant des outils standard (dans ce cas-ci des outils d'algèbre « élémentaire »).

L'ensemble des outils dont dispose un mathématicien peut se comparer au réseau routier dont dispose un voyageur : tous deux permettent d'aller efficacement du point A au point B. Toutefois, il existe une différence importante : si le choix d'un itinéraire routier efficace est généralement un problème simple, il n'en va pas de même lorsqu'il s'agit de choisir un itinéraire mathématique efficace pour démontrer un théorème. Poursuivons un instant l'analogie entre le réseau routier et la panoplie mathématique. Le réseau routier d'un pays reflète sa géographie, dont nous connaissons par ailleurs d'autres aspects, si bien que la construction d'une nouvelle route ne modifie guère notre connaissance de cette géographie. La panoplie des outils techniques des mathématiques reflète la structure interne des mathématiques et constitue en fait tout ce que nous savons de cette structure interne ; si bien que la construction d'une nouvelle théorie peut modifier la manière dont nous comprenons la relation structurelle entre différents domaines des mathématiques.

Je reviens maintenant à la question de savoir pourquoi il peut être difficile de trouver une démonstration, qui finalement s'avère simple. Cela revient à dire que trouver peut être difficile et vérifier une découverte facile. Par exemple, trouver le mot de passe d'ordinateur de votre patron peut être difficile, mais il est facile de l'utiliser dès l'instant où vous le connaissez.

Je vais maintenant faire une brève digression sur les mots de passe. Supposons que le mot de passe de votre patron soit de longueur 7, c'est-à-dire que ce soit une séquence de 7 symboles, et disons qu'il y a 62 valeurs possibles pour chaque symbole : a,..., z, A,..., Z, 0,..., 9. Alors, le nombre de mots de passe possibles est $62 \times \ldots \times 62 = (62)^7$: 7 apparaît en exposant, c'est-à-dire que le nombre de mots de passe croît exponentiellement avec la taille du mot de passe (la taille ou la longueur est ici 7). Au lieu de chercher un mot de passe, cherchons un carrefour dans une ville américaine (où les rues sont perpendiculaires aux avenues) : si nous considérons un rectangle de dimension 7 (7 rues et 7 avenues) il n'y a que $7 \times 7 = 7^2$ intersections. Le nombre d'intersections croît comme le carré de la taille de la région étudiée, ce qui est beaucoup moins rapide que la croissance exponentielle trouvée pour le mot de passe. Ceci provient du fait que notre recherche est à deux dimensions. Une recherche de fenêtres serait à trois dimensions : disons qu'il y a 40 fenêtres par étage pour chaque pâté de maisons, alors pour des immeubles de quinze étages dans une région de 15×15 pâtés, il y a $40 \times (15)^3$ fenêtres. Chercher une aiguille dans une meule de foin est également un problème à trois dimensions. Chercher une adresse dans une rue (par exemple, le 10, Downing Street) est une recherche à une dimension. Quelle est la dimension dans la recherche du mot de passe ? Elle est supérieure à 1, 2, 3… et nous pouvons dire qu'elle est infinie.

Revenons à présent à la tâche du mathématicien humain ; c'est une approximation de l'écriture d'un texte totalement formalisé, mais c'est une approximation assez lâche. Le mathématicien humain travaille avec des « idées » dont nous avons donné des exemples précédemment. Une suite appropriée d'idées constitue la démonstration d'un théorème intéressant : c'est le travail combinatoire décrit par Poincaré et Hadamard : rassembler des idées jusqu'à trouver la bonne combinaison. Quelle est la difficulté de cette tâche ? Ce n'est pas une recherche à 1, 2 ou 3 dimensions, cela ressemble davantage à la recherche d'un mot de passe, qui est en dimension infinie. Il existe cependant une différence : contrairement aux symboles dans un mot de passe, les idées mathématiques ne peuvent pas être assemblées de manière arbitraire, il faut qu'elles s'articulent les unes aux autres. (Supposons que vous pensez à utiliser le théorème de Pythagore ; c'est une bonne idée mathématique, mais qui ne peut vous aider que dans une situation géométrique où il y a un triangle rectangle ; si ce n'est pas le cas, Pythagore ne vous sert à rien, à moins d'introduire de la géométrie et un triangle, ce qui vous force à faire appel à de nouvelles idées.) Assembler une suite d'idées mathématiques ressemble donc à une promenade en dimension infinie, qui mènerait d'une idée à la suivante. Le fait que les idées doivent s'articuler signifie qu'à chaque étape de votre promenade vous êtes confronté à de nouvelles possibilités parmi lesquelles vous avez à faire un choix : vous êtes dans un labyrinthe, un labyrinthe de dimension infinie.

Je viens de décrire les mathématiques humaines comme un labyrinthe d'idées, parmi lesquelles le mathématicien erre, à la recherche de la démonstration d'un théorème. Les idées sont humaines, elles appartiennent à une culture mathématique humaine, mais elles sont soumises à de nombreuses contraintes, imposées par la structure logique du sujet. Le labyrinthe infini des mathématiques possède donc un caractère dual de construction humaine et de nécessité logique. Cela confère au labyrinthe une étrange beauté : il reflète la structure interne des mathématiques et est la seule chose que nous savons réellement de cette structure interne. Ce n'est qu'après avoir erré longuement dans ce labyrinthe que nous commençons à apprécier sa beauté ; ce n'est qu'après une longue étude que nous commençons à goûter l'attrait esthétique subtil et puissant des théories mathématiques.

18

Erreur !

Le paysage des mathématiques a une dimension historique. De nouveaux théorèmes sont démontrés et de nouveaux outils sont créés pour permettre le traitement de toutes sortes de questions. En même temps, les problèmes qui restent à traiter deviennent progressivement plus difficiles. Il m'a été donné de bavarder sur ce sujet avec Shiing-shen Chern [1], l'une des grandes figures de la géométrie du XXe siècle. Il m'expliqua comment, au début de sa carrière mathématique, il avait lu le travail de Heinz Hopf sur les fibrations de sphères [2] et s'était trouvé aux frontières des mathématiques de son temps : il pouvait commencer son propre travail original. En l'occurrence, les idées de Hopf sont merveilleusement jolies mais relativement faciles à étudier. Au début du XXIe siècle, il est typiquement beaucoup plus difficile d'arriver aux frontières des mathématiques. Pensez, par exemple, qu'il vous faudra, entre autres choses, maîtriser les idées de Grothendieck si vous voulez travailler en géométrie algébrique et en arithmétique.

Les mathématiques ne deviennent pas nécessairement de plus en plus compliquées. Il arrive que de nouveaux développements techniques donnent accès à des questions qui étaient jusque-là hors de portée. Il arrive également que des problèmes qui n'avaient guère suscité d'intérêt se retrouvent au centre d'un nouveau domaine très actif des mathématiques, avec des résultats importants relativement faciles à obtenir. Par exemple, l'apparition d'ordinateurs rapides a favorisé l'étude des algorithmes, et conduit à des développements conceptuels comme la notion de complétude NP, et la démonstration remarquable du fait que la primalité (le fait qu'un nombre soit premier) peut être testée en temps polynomial [3].

De manière générale, il faut cependant admettre que les mathématiques deviennent de plus en plus difficiles avec le temps, ce qui amène des changements dans la pratique de la recherche. Je me souviens de critiques adressées dans les années 1960 à un mathématicien qui utilisait des résultats obtenus par d'autres sans les avoir toujours vérifiés personnellement. En raison de l'augmentation du nombre de publications, cette vérification de résultats antérieurs est de moins en moins possible. J'ai entendu Pierre Deligne, dans les années 1970, affirmer que les mathématiques qui l'intéressaient étaient celles qu'il pouvait comprendre lui-même dans tous leurs détails. Ceci excluait, disait-il, les démonstrations qui utilisaient des ordinateurs ainsi que les démonstrations trop longues pour être maîtrisées par une seule personne. En fait, cependant, les démonstrations aidées par ordinateur et les démonstrations extrêmement longues sont devenues monnaie courante dans les mathématiques contemporaines.

Peut-être sommes-nous témoins d'une décadence des « valeurs morales » en mathématiques, comme Grothendieck l'a dit explicitement. Par ailleurs, cependant nous assistons à des succès extraordinaires dans la solution de problèmes anciens (le dernier théorème de Fermat, la conjecture de Poincaré [4], etc.), et il nous faut admettre que, dans un certain sens, les mathématiques contemporaines se portent remarquablement bien. Nous observons simplement que la nature des mathématiques humaines est en train de changer et que différentes personnes s'adaptent au changement de manière différente. Un exemple qui a engendré une certaine controverse trouve son origine dans le travail de William Thurston sur les variétés à trois dimensions. Un problème naturel de la géométrie est de *classifier* les variétés d'un certain type (c'est-à-dire en établir la liste). La classification des variétés à deux dimensions est bien comprise, mais l'étude des variétés à trois dimensions est beaucoup plus ardue. Après avoir beaucoup travaillé sur le sujet, Thurston en avait acquis une bonne compréhension, dont il avait fait une description générale tout en ébauchant les démonstrations. Le programme de Thurston revendiquait ainsi un vaste domaine mathématique, mais sans fournir un ensemble complet de démonstrations que ses collègues auraient pu vérifier. De ce fait, il devenait difficile pour d'autres mathématiciens de travailler dans ce domaine : la démonstration d'un théorème qui a déjà été annoncé n'apporte guère de crédit, mais il n'est pas possible d'utiliser le théorème puisqu'il n'a pas vraiment été démontré. Arthur Jaffe et Frank Quinn [5], dans un article très discuté, qui mentionnait entre autres Thurston, se sont plaints de cette évolution des mathématiques. Par la suite, le programme de Thurston a largement été réalisé (avec une contribution majeure de ses élèves). Cependant, la question soulevée par Jaffe et Quinn reste importante dans certains domaines des mathématiques.

Il est temps maintenant d'examiner l'utilisation des ordinateurs en mathématiques. Lorsque nous parlons d'ordinateurs, nous avons à l'esprit de longs calculs numériques. De tels calculs sont-ils utiles en mathématiques pures ? Ils peuvent l'être. En fait, Riemann a fait de longs calculs à la main pour tester certaines idées et aurait sûrement été heureux d'avoir à sa disposition un ordinateur rapide. Les ordinateurs ont également aidé à visualiser des objets qui apparaissent dans la théorie des systèmes dynamiques [6]. Il ne fait donc pas de doute que les ordinateurs peuvent être utiles dans l'*heuristique* des problèmes mathématiques, c'est-à-dire qu'ils rendent plausibles certaines conjectures et en invalident d'autres. La plupart des mathématiciens ne voient pas d'inconvénient à ce rôle heuristique des ordinateurs. Cependant, puisque l'usage habituel des ordinateurs donne seulement des résultats numériques *approchés*, comment peuvent-ils être utilisés pour obtenir des *démonstrations rigoureuses* ?

Les ordinateurs ont en fait une grande flexibilité d'utilisation. Ils peuvent s'acquitter exactement de diverses tâches qui peuvent être utiles dans la démonstration de théorèmes. Le cas le plus évident concerne les calculs exacts avec des nombres entiers. Les ordinateurs peuvent également être programmés pour effectuer des opérations logiques : par exemple passer en revue un grand nombre de situations et répondre par oui ou par non à certaines questions. C'est cette capacité combinatoire des ordinateurs qui a été utilisée pour prouver le théorème des quatre couleurs [7]. Les ordinateurs savent aussi traiter exactement des nombres comme π ou $\sqrt{2}$, en utilisant l'*arithmétique d'intervalles*. L'idée est que, si vous savez que π est dans l'intervalle (3,14159 ; 3,14160) et $\sqrt{2}$ dans l'intervalle (1,41421 ; 1,41422), vous savez également que $\pi + 2$ est dans l'intervalle (4,55580 ; 4,55582) *sans aucune erreur*. L'arithmétique d'intervalles nous permet de pratiquer avec une précision strictement contrôlée toutes sortes de calculs faisant intervenir des nombres réels. Je vais ébaucher un exemple de l'utilisation de tels calculs pour démontrer un théorème.

Supposons que nous sachions que deux courbes (explicitement spécifiées), A_0 et B_0 dans le plan, se coupent en un point connu X_0, et que nous voulions prouver que les courbes (explicitement spécifiées) A et B se coupent en un point X proche de X_0.

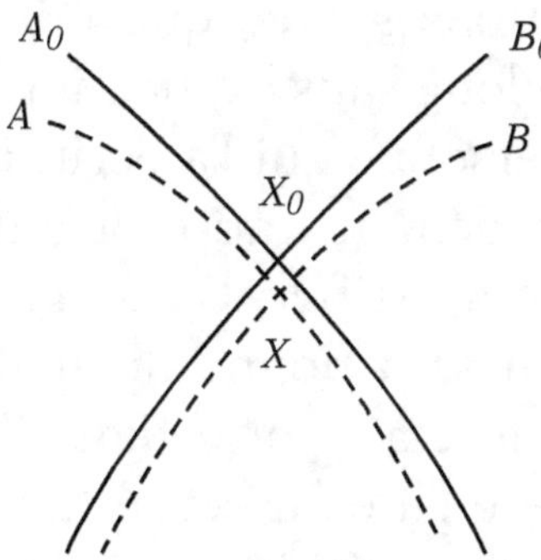

Il est connu que ce résultat est vrai sous certaines conditions (transversalité de l'intersection de A_0 et B_0, proximité de A avec A_0 et de B avec B_0 dans un certain sens) et ces conditions peuvent être vérifiées numériquement. Il peut être commode de faire la vérification numérique avec l'aide de l'ordinateur. Je viens d'esquisser une démonstration *assistée par ordinateur* du fait que, sous certaines conditions, deux courbes A et B ont un point d'intersection X, dont la distance à un point connu X_0 peut être estimée.

Il se trouve que certains théorèmes qui présentent un réel intérêt mathématique sont de la forme décrite plus haut, mais où les courbes A et B sont remplacées par des variétés dans un espace à un nombre infini de dimensions. Mon collègue Oscar Lanford a présenté un théorème de ce genre [8]. Le contenu de ce théorème ne nous concerne pas en ce moment, mais nous allons examiner quelques aspects techniques de la manière dont Lanford l'a démontré. La démonstration est assistée par ordinateur, ce qui signifie qu'elle comporte des préliminaires mathématiques, suivis d'un programme d'ordinateur. Ce programme utilise l'arithmétique d'intervalles pour vérifier certaines inégalités ; si celles-ci sont justes, le théorème est démontré. Les complications du problème ont forcé Lanford à écrire un programme assez long : environ deux cents pages. Les pages se présentent sous la forme de deux colonnes, l'une qui contient le programme (dans une variante du langage de programmation C) et l'autre qui contient des explications sur ce que fait le programme. En effet, un programme long sans explication est incompréhensible, même pour la personne qui l'a écrit. Dans le cas présent, puisqu'il s'agit d'une démonstration, d'autres personnes doivent être à même de la vérifier. Oscar Lanford est quelqu'un de très soigneux et il s'est donné du mal pour vérifier que, lorsque le programme était entré dans l'ordinateur, celui-ci faisait exactement ce qu'il était censé faire. De cette manière – lorsque l'ordinateur a vérifié les inégalités auxquelles se réfère le programme –, la démonstration du théorème est complète.

Cependant, Lanford ajoute quelques remarques que vous pouvez trouver assez décourageantes. « Je suis sûr, dit-il, qu'il y a des erreurs dans le programme que j'ai écrit. Mais je suis également sûr qu'elles peuvent être rectifiées et que le résultat est correct. » Cela signifie que dans les deux cents pages de texte, il y a probablement quelques erreurs. Dans le cas présent, il se pourrait qu'une certaine inégalité qui devait être démontrée ne l'a, en réalité, pas été ! Mais Lanford possède une compréhension assez détaillée du problème étudié pour être capable de trouver et de démontrer une inégalité similaire, suffisante pour établir le théorème.

Il est bon de garder en mémoire que les démonstrations assistées par ordinateur ne sont pas des mathématiques complètement formalisées (auxquelles on pourrait, en principe, accorder une confiance totale). Les démonstrations assistées par ordinateur font partie des mathématiques humaines. Éviter de commettre une erreur en utilisant un ordinateur est différent d'éviter de commettre une erreur dans les mathématiques « normales » qui utilisent du papier et un crayon. On peut vérifier et éliminer certains types d'erreurs présentes dans un code d'ordinateur, mais il nous manque l'intuition qu'un bon mathématicien a développée dans les démonstrations avec du papier et un crayon.

Comme les démonstrations deviennent avec le temps de plus en plus longues, le problème des erreurs en mathématiques devient de plus en plus sérieux, avec ou sans l'utilisation d'ordinateurs. En même temps que les erreurs, je discuterai ici des *lacunes*, c'est-à-dire des détails d'une démonstration qui sont supposés être « faciles à vérifier », mais qui ne le sont pas. Pour dire les choses crûment, la probabilité qu'il n'y ait pas d'erreur dans une démonstration décroît de manière exponentielle (ou pire) avec la longueur de la démonstration. Et une seule erreur peut détruire une démonstration ! Il est heureux que de nombreuses erreurs, comme faire une faute d'orthographe, ou se tromper de date dans une référence, n'aient pas de conséquence mathématique (même si elles mettront certaines personnes de très mauvaise humeur). Des erreurs plus graves peuvent souvent être réparées, et nous examinerons plus loin comment cela est possible. Nous pouvons cependant voir la gravité du problème des erreurs ou des lacunes en nous référant à nouveau au théorème de classification des groupes finis simples. La démonstration de ce théorème, qui prend plusieurs milliers de pages, provient de la collaboration de nombreux auteurs, et certaines parties de la démonstration sont assistées par ordinateur. Le théorème est considéré comme « moralement » démontré depuis environ 1980, mais certaines parties « ne sont pas encore écrites ». Cela signifie qu'il y a des lacunes dans la démonstration mais qu'elles ne sont pas considérées comme sérieuses par les spécialistes. Une de ces lacunes s'est avérée assez sérieuse pour nécessiter douze cents pages de démonstration supplémentaire (en 2004 [9]). D'autres domaines des mathématiques ne sont pas mieux lotis. Par exemple (parlant du problème de l'empilement des sphères), Tom Hales écrit : « Le sujet est jonché d'arguments erronés et de méthodes abandonnées » [10].

Cela signifie-t-il que les mathématiques ont abandonné leurs anciens standards de rigueur ? Que la vérité mathématique est devenue une affaire d'opinion plutôt qu'une affaire de connaissance ? Différents auteurs se sont exprimés sur la question, en réponse à l'article de Quinn et Jaffe mentionné précédemment [11]. Fondamentalement, on peut dire que de bons mathématiciens, travaillant dans un domaine donné, connaissent le degré de fiabilité de la littérature publiée dans ce domaine. Certains domaines ont été examinés de manière répétée par des mathématiciens de haut niveau, et certains théorèmes démontrés par plusieurs méthodes ; ces domaines peuvent être considérés comme extrêmement rigoureux. Cependant, il existe également une production pléthorique, de mauvaise qualité, due à des personnes qui sont obligées de publier pour assurer leur carrière, même si elles ne s'intéressent guère à ce qu'elles font.

En bref, les anciens idéaux de rigueur logique absolue n'ont pas été abandonnés, mais il y a des forces à l'œuvre qui changent le style des mathématiques, dans la mesure où certains théorèmes hautement désirables nécessitent de très longues démonstrations ou des démonstrations assistées par ordinateur. Imaginez, par exemple, que si vous désirez démontrer une propriété des groupes finis simples, vous pouvez maintenant le faire en vérifiant la propriété en question sur une liste explicite de groupes ; vous voyez ainsi combien le théorème de classification est utile : c'est une nouvelle balise qui modifie le paysage des mathématiques. Bien sûr, le statut du mathématicien humain s'est également modifié. Être un mathématicien aujourd'hui n'a pas la même signification qu'il y a cent ans. Faire des mathématiques sera également différent dans cent ans et ce sera peut-être moins satisfaisant que précédemment, mais ce n'est pas certain. Il y aura de nouveaux résultats, des théories plus profondes. Une partie plus grande de la face cachée de la réalité mathématique aura été dévoilée et acquise à la connaissance humaine.

19

Le sourire de la Joconde

Tout scientifique professionnel est amené à assister à de très nombreux exposés techniques. Quiconque a ce genre d'expérience sait qu'il lui arrive occasionnellement d'arrêter d'écouter. Soit vous n'êtes pas intéressé, soit vous n'avez pas les connaissances suffisantes, soit vous avez manqué une remarque importante que le conférencier a faite, ou aurait dû faire, au début de l'exposé. Vous êtes là, assis, somnolent, perdu dans des pensées qui n'ont rien à voir avec le sujet de l'exposé, saisissant de temps à autre au vol un terme technique ou une phrase dénuée de sens. Me trouvant un jour dans une situation de ce genre, mon attention fut attirée par le mot *KILL* (« tuer ») qui revenait de manière répétée et était lourdement accentué. Le mot *KILL* apparaissait dans la phrase *KILL that antisymmetric matrix* (« tuer cette matrice antisymétrique »). Techniquement, une matrice est un tableau (a_{ij}) de nombres, elle est antisymétrique si $a_{ij} = -a_{ji}$ et « tuer » la matrice pouvait signifier « trouver un vecteur propre pour la valeur propre 0 » – mais je n'en suis pas sûr. Il y avait cepen dant quelque chose de bizarre dans la manière dont le conférencier prononçait *KILL that antisymmetric matrix*. Ce qu'il disait réellement était *KILL that antisemitic matrix*. J'étais à présent totalement éveillé, mon ouïe était bonne à l'époque, et j'écoutais attentivement. Si j'avais été attentif aux mathématiques, cela m'aurait échappé, mais il n'y avait aucun doute : il disait *antisemitic*, et pas *antisymmetric*. De manière répétée il disait *KILL that antisemitic matrix* [1].

Bien sûr, les mots « tuer » et « matrice » peuvent avoir un sens en mathématiques, mais ils ont également un sens en langage courant, « tuer » voulant dire « tuer » et « matrice » voulant dire « utérus ». Le sens profane est occulté, réprimé lors d'une discussion mathématique, mais il reste présent à un certain niveau inconscient, comme le montre l'anecdote ci-dessus. Nous avons discuté précédemment le bel inconscient aseptisé qui fournissait à Poincaré et Hadamard les solutions de leurs problèmes mathématiques. Au contraire, « TUER cette matrice antisémite », c'est l'irruption d'une autre espèce d'inconscient, chargé de sexe et de choses déplaisantes : l'inconscient du Dr Sigmund Freud. Est-il vraiment nécessaire d'aborder cette question ? Les idées de Freud peuvent-elles être de quelque utilité dans notre discussion des mathématiques ? Je vous invite à lire ce qui suit et à former votre propre opinion.

Je ne suggère pas ici que les idées de Freud permettent de comprendre la nature de la pensée mathématique. Ma conclusion est que ce n'est pas le cas, et en fait Freud ne revendique rien de semblable. Cela dit, ne serait-il pas intéressant d'interroger Freud sur ce qui pousse, à son avis, certains individus vers le travail mathématique ? Le Dr Freud n'est malheureusement plus parmi nous, mais nous pouvons consulter son livre *Un souvenir d'enfance de Léonard de Vinci* (1910) [2]. Cette étude est en effet tout à fait pertinente à une discussion sur les origines de la curiosité scientifique.

Le Florentin Leonardo da Vinci (1452-1519) est bien sûr le peintre de *La Cène*, de *La Joconde* et de quelques autres chefs-d'œuvre. Les carnets de notes qu'il a laissés témoignent d'une insatiable curiosité scientifique dans l'observation de la nature, et d'une inventivité mécanique stupéfiante. Il était intellectuellement en avance sur son temps de plusieurs siècles. Il n'est pas étonnant qu'une telle personnalité ait attiré et retenu l'attention de Freud.

Leonardo était le fils illégitime de Piero da Vinci, un notaire florentin, et de Catarina, une jeune paysanne. À l'âge de cinq ans, il faisait partie de la maisonnée du Ser Piero da Vinci, qui avait entre-temps épousé Donna Albiera, qui n'eut pas d'enfants. Vers l'âge de quinze ans, Leonardo devint l'apprenti d'Andrea del Verrocchio, et se révéla l'artiste extra-ordinaire que nous connaissons. Par la suite, il consacra de plus en plus de temps aux études consignées dans ses carnets : sur la nature, l'art de l'ingénieur et d'autres sujets.

Freud attire l'attention sur des traits remarquables de la personnalité de Leonardo, dont certains appellent une explication. C'était un grand et bel homme, qui aimait se vêtir élégamment et vivre en bonne compagnie. Il est probable qu'il avait des tendances homosexuelles, mais pas de réelle vie sexuelle [3]. Leonardo a laissé certaines peintures inachevées après des années de lent travail. Son appétit de connaissances était immense, et les études rapportées dans ses carnets remplacèrent peu à peu son activité de peintre. Il avait projeté d'écrire plusieurs traités, mais fut incapable d'en terminer aucun. Il était apparemment végétarien, condamnait la guerre, et achetait des oiseaux au marché pour ensuite les relâcher. Cependant, il assistait aux exécutions des criminels et était au service de Cesare Borgia en tant qu'ingénieur militaire.

Peut-être faut-il dire que la « science » de Leonardo était tournée vers la description de la nature et, de ce fait, directement liée à sa peinture : il étudiait la perspective, disséquait des cadavres et observait le vol des oiseaux. Sa modernité se révèle dans des affirmations comme celles-ci : « Qui, dans le conflit des opinions, se réfère à l'autorité, opère avec sa mémoire au lieu d'opérer avec son entendement » et également : « La nature est pleine d'innombrables raisons qui n'ont jamais accédé à l'expérience [4]. »

Avant d'examiner l'analyse que Freud fait de Leonardo, je voudrais mentionner que Newton partageait certaines des caractéristiques citées plus haut : un immense besoin de comprendre, des intérêts très divers (mais unifiés par un désir de découvrir la nature de l'univers), des tendances homosexuelles mais, apparemment, une absence totale de vie sexuelle [5].

Freud explique la personnalité de Leonardo en termes de *sublimation*. D'après Freud, la sublimation est un processus par lequel la force des pulsions sexuelles sert de moteur à certaines activités en apparence sans lien avec la sexualité : l'activité artistique et la recherche intellectuelle [6]. Les jeunes enfants sont confrontés au problème ontologique de leur propre origine : comment les enfants naissent-ils ? La réponse habituelle, au temps de Freud, faisait intervenir les cigognes. Un enfant intelligent pouvait cependant deviner que le rôle de sa mère était plus important que celui des cigognes, et devait relever le défi de questions intellectuelles redoutables : quel est le rôle exact de la mère ? Pourquoi les parents mentent-ils à ce sujet ? Le père joue-t-il un rôle et, si oui, lequel ? Quelle est la différence entre les garçons et les filles ? Pourquoi ? Vue de cette façon, la curiosité sexuelle, animée par la pulsion sexuelle, apparaît comme centrale à la curiosité des jeunes enfants. Suivant le cours normal des choses, cette curiosité deviendra en son temps l'un des éléments menant à une sexualité « normale » (naguère, on aurait écrit « normale » sans les guillemets). Cependant, une partie de cette curiosité est *sublimée* vers des objectifs non sexuels, qui peuvent avoir un intérêt social, en particulier l'activité artistique ou la recherche intellectuelle. Dans certains cas, comme celui de

Leonardo, selon Freud, la pulsion sexuelle originelle est entièrement convertie vers des objectifs non sexuels.

Alors que les idées de Freud, en général, ont suscité pas mal d'opposition et de controverse, le concept de sublimation est relativement bien accepté (et l'on oublie qu'il est dû à Freud). On peut certainement reprocher à Freud sa foi excessive en la « méthode psychanalytique » dans une situation comme celle de Leonardo où il n'existe pas assez de données. Par exemple, Freud remarque que, dans les notes de Leonardo sur l'un de ses élèves auquel il semblait s'être attaché ou sur la mort de sa mère Catarina ou de son père Piero da Vinci, des nombres sont mentionnés (comme le prix des bougies) alors qu'aucun sentiment n'est exprimé. La remarque est sans doute juste, mais affaiblie par le fait qu'il n'est pas certain que la Catarina dont il est fait mention soit bien la mère de Leonardo et pas simplement une servante.

Le souvenir d'enfance de Leonardo que Freud veut interpréter intervient à propos de l'étude du vol d'un oiseau (appelé *nibbio* en italien). Leonardo explique qu'il était probablement destiné à écrire de manière aussi détaillée sur le *nibbio*, parce que son premier souvenir d'enfance semble être que, alors qu'il était dans son berceau, un *nibbio* était venu à lui, lui avait ouvert la bouche avec sa queue et l'avait frappé de manière répétée entre les lèvres avec sa queue. Pour un lecteur moderne, cultivé et sans préjugés, un siècle après Freud, ce « souvenir » ou ce fantasme suggère facilement une interprétation sexuelle. D'après Freud, c'est un fantasme sexuel oral en relation avec l'allaitement du bébé Leonardo par sa mère. Freud a malheureusement lu le souvenir d'enfance dans une traduction allemande où le mot *nibbio* avait été traduit par « vautour » *(Geier)* alors que ç'aurait dû être « milan ». Du coup, il attribue une grande importance au fait que le mot « mère » en égyptien ancien est représenté par le dessin d'un vautour, et se perd dans des interprétations dénuées de sens basées sur une relation erronée entre *nibbio* et « mère ».

Freud interprète également la peinture fameuse *Sainte Anne, la Vierge et l'Enfant-Jésus* (*Anna Metterza* ou sainte Anne en tierce) comme représentant Leonardo enfant avec ses deux mères (Catarina et Albiera). Pour soutenir son interprétation, Freud note que l'idée picturale d'Anna Metterza était inhabituelle à l'époque où Leonardo a peint son tableau. Malheureusement, comme le fait remarquer le critique d'art Meyer Schapiro, Freud commet une erreur : le culte de sainte Anne et le thème d'Anna Metterza étaient florissants à l'époque où travaillait Leonardo.

Comment réagissez-vous, cher lecteur ou lectrice, à la discussion précédente ? Nombre de mes collègues qui travaillent dans les sciences « dures » comme les mathématiques ou la physique ont une attitude de rejet à l'égard de la psychanalyse freudienne et d'autres domaines de connaissance « mous », comme la philosophie ou l'économie par exemple. Ils émettront un jugement totalement dévastateur (et tout à fait exact) sur la manière dont le sujet a été traité par les soi-disant experts ; ensuite, ils vous expliqueront peut-être ce qu'il convient de faire pour résoudre par exemple les problèmes de l'économie et… ils tomberont immédiatement dans l'un des pièges bien connus des experts.

Les domaines « mous » de la connaissance sont méthodologiquement difficiles et leurs résultats incertains. C'est assurément le cas de la psychanalyse freudienne. J'insiste : Freud n'est pas infaillible. Cependant, il a mis au jour de nombreux concepts importants. Ses idées ont eu une influence énorme sur la culture occidentale du XXe siècle, et cela inclut une influence méconnue sur la manière de penser de ceux qui ne veulent pas entendre parler de lui. Certains concepts freudiens sont devenus incontournables ; la sublimation est l'un d'eux et elle nous aide à comprendre la personnalité de Leonardo da Vinci et de Newton. Cependant, ainsi que Freud le reconnaît explicitement, la psychanalyse n'explique pas le sourire de *La Joconde*. Elle n'explique pas non plus, à mon avis, les secrets de la pensée mathématique.

Puisque c'est la pensée scientifique qui nous intéresse, pourquoi faire intervenir Sigmund Freud ? Eh bien, pour ne pas perdre de vue que le cerveau du mathématicien contient des choses assez diverses : des théorèmes, des lemmes, des soucis d'argent, et également « TUER cette matrice antisémite ». Tout cela coexiste et interagit de manière obscure. Heureusement, la pensée mathématique peut être séparée logiquement du reste, et c'est ce que nous faisons dans ce livre. La séparation présente un avantage méthodologique considérable : elle isole un domaine qui peut être analysé en profondeur, beaucoup mieux que les questions qui concernent la psychologie. La possibilité d'analyser en profondeur la pensée mathématique confère au sujet un intérêt considérable. Cependant, il ne faut pas oublier que, à côté d'idées mathématiques admirables, il y a beaucoup de choses plus obscures qui grouillent dans le cerveau du mathématicien.

20

Bricolage et construction
de théories mathématiques

Faire des mathématiques est souvent une entreprise individuelle et solitaire. Par contre, les mathématiques dans leur ensemble sont une œuvre collective. Le mathématicien vit dans un paysage de définitions, de méthodes et de résultats et possède une connaissance plus ou moins grande de ce paysage. À partir de cette connaissance, de nouvelles mathématiques sont produites et cette addition change de manière plus ou moins significative le paysage existant des mathématiques. Comment cela se produit-il ? Quelle est la stratégie de l'invention mathématique ?

Une chose est certaine : vous n'essayez pas d'obtenir de manière systématique toutes les conséquences valides des axiomes ZFC en utilisant le langage formel et les lois de déduction autorisées. Vous n'essayez pas non plus d'obtenir la démonstration la plus courte d'un théorème en partant de ZFC et en utilisant le langage formel. Vous travaillez toujours dans un contexte ou un paysage de résultats déjà acquis. En principe, vous devriez être capable de traduire ce que vous faites en langage formel, mais vous préférez utiliser un langage humain comme l'allemand, le français ou l'anglais qui permettent mieux d'expliquer la signification des idées mathématiques et de formuler les objectifs de votre travail. Signification ! Objectifs ! Ah, quels mots dangereux ! Précédemment, nous avons discuté les *structures* mathématiques et les *idées* mathématiques ; ces notions ne sont pas contenues dans les axiomes, mais nous avons réussi à les mettre en rapport avec les mathématiques formelles. *Signification* et *objectifs* sont d'une autre nature : ces concepts peuvent être importants pour discuter la stratégie de l'invention mathématique, mais sont – à ce stade, en tout cas – entièrement hors des mathématiques.

Nous n'essayerons pas de définir signification et objectifs en général, mais seulement dans le contexte particulier et relativement bien contrôlé du travail mathématique. Abandonnant la *signification* pour l'instant, concentrons-nous sur les *objectifs*.

Nous pouvons dire que l'objectif d'un mathématicien est toujours de développer une théorie mathématique. Il arrive que ce travail soit guidé par l'œuvre d'autres mathématiciens. Parfois il s'agit d'un travail original. Au lieu de définir l'objectif du mathématicien, je vais donc plutôt décrire ce qu'il fait en construisant une théorie. Une théorie mathématique est un texte mathématique, du type que nous avons décrit dans les chapitres précédents. Plus spécifiquement, c'est un ensemble d'énoncés logiquement reliés. Nous pouvons également dire qu'une théorie est une construction cohérente formée d'idées mathématiques. Il se peut que l'un des théorèmes de la construction paraisse plus important que les autres et l'on dira alors que l'objectif du travail est de démontrer ce théorème.

L'objectif du travail mathématique est donc de réaliser une construction : la construction d'une théorie mathématique, c'est-à-dire une collection cohérente d'idées mathématiques. Bien sûr, il est souhaitable que la théorie que l'on construit soit *intéressante*. Une théorie est intéressante si elle contient des résultats originaux, de préférence avec une formulation courte et une démonstration *non triviale* (c'est-à-dire qu'à partir de résultats connus, la démonstration est nécessairement soit longue, soit non évidente). Pour qu'une théorie soit intéressante, il est également souhaitable qu'elle soit utilisable pour démontrer des résultats nouveaux. L'intérêt d'un travail mathématique se juge donc en fonction de l'arrière-plan que constitue un certain paysage mathématique. Ce qui est considéré comme intéressant est déterminé en partie par l'histoire et la sociologie du sujet. Ce serait cependant une erreur de réduire l'intérêt d'une théorie mathématique à une question de sociologie : la structure logique de la théorie joue un rôle plus fondamental. Un domaine donné des mathématiques possède généralement des *conjectures* qui n'ont pas été démontrées par les premiers explorateurs et qui peuvent servir de guides vers des sujets intéressants. Je vais donc admettre que le mathématicien que nous observons a des idées bien définies sur ce qui est intéressant. (Il nous faut d'ailleurs admettre que certains mathématiciens ont, sous ce rapport, meilleur goût que d'autres.)

Après de nombreuses considérations préliminaires, nous avons finalement atteint la question centrale de la création mathématique : comment fait-on pour construire une théorie intéressante ? En pratique, cela peut signifier : comment écrire un article de vingt pages qui sera publié dans les *Annals of Mathematics* et vous garantira un poste dans une bonne université ? (Les *Annals* sont une bonne revue, qui n'accepte pas n'importe quoi pour publication et qui publie en général des articles intéressants.) Le nombre des articles intéressants de vingt pages qu'on peut concevoir est énorme, et le nombre des articles de vingt pages inintéressants, faux ou dépourvus de sens, encore bien plus élevé. Essayer d'écrire un article intéressant de vingt pages nous ramène à un problème décrit précédemment : trouver son chemin dans un labyrinthe de dimension infinie.

Oublions pour le moment l'article de vingt pages et considérons de manière plus générale une suite de symboles (mathématiques ou non) d'une certaine longueur. Nous supposons qu'un certain *intérêt* est associé à chaque suite, et nous nous posons des questions du genre : « Quel est l'intérêt moyen d'une suite ? Comment faire pour trouver une suite très intéressante ? Quelle est la suite la plus intéressante ? » La physique, l'art de l'ingénieur, les mathématiques financières suscitent ce genre de problèmes, qu'on essaie de résoudre avec l'aide d'ordinateurs. Comment procède-t-on ? Il existe de nombreuses méthodes qui dépendent de la question à traiter, mais je crois qu'il faut en général garder à l'esprit deux idées de base : (1) utiliser des choix au hasard, (2) bricoler.

Nous allons d'abord discuter les choix faits au hasard. Le nombre de toutes les suites de symboles à considérer est généralement si énorme que les examiner une par une est sans espoir. Ainsi donc, pour déterminer l'intérêt moyen d'une séquence, il ne faut pas les examiner toutes, mais prendre un échantillon. Cela signifie prendre au hasard mille ou un million d'exemples et calculer leur intérêt moyen. C'est le principe de ce que les physiciens appellent la méthode de *Monte-Carlo* (une allusion au hasard présent dans les jeux du casino de Monte-Carlo). Il est quelquefois possible de faire mieux que de prendre des échantillons au hasard mais prendre des échantillons de manière régulière est d'habitude une erreur.

Essayer de trouver une suite d'intérêt strictement maximum est généralement sans espoir, mais il est possible de chercher une suite de grand intérêt : on examine un certain nombre de suites prises au hasard et on garde la meilleure. Il est possible d'améliorer cette méthode en tirant parti des caractéristiques de nombreux problèmes : les suites proches des suites de grand intérêt sont habituellement d'un intérêt supérieur à la moyenne. Cela conduit à de nouvelles stratégies : on chemine au hasard parmi des suites de symboles, par petits sauts successifs, avec un biais en faveur des suites les plus intéressantes [1].

L'idée d'un cheminement au hasard avec un biais vers un intérêt croissant amène au concept de bricolage, proposé par le biologiste François Jacob [2] en connexion avec l'évolution biologique. Jacob considère, entre autres, l'évolution des protéines, et nous allons maintenant faire une brève digression sur ce sujet. (Remarquez que, comme c'est le cas de beaucoup d'autres sujets en biologie, l'étude de l'évolution des protéines a explosé depuis l'article de Jacob en 1977.) Une protéine de taille moyenne est codée par une suite ou séquence d'environ 1 000 symboles, dont chacun peut prendre quatre valeurs (les quatre bases représentées par A, T, G, C). Il existe plus de 10^{600} de ces séquences ! Une séquence intéressante est une séquence qui code pour une protéine utile (dans une espèce donnée). Trouve-t-on une séquence intéressante en passant en revue 10^{600} possibilités ? Non : on la trouve en bricolant à partir des séquences qui existent déjà. Dans de nombreux cas, l'histoire de l'évolution de la séquence d'une protéine peut être remontée sur un ou deux milliards d'années (avant cette date, il y a eu une évolution chimique et la reproduction de systèmes primitifs, qui sont actuellement hors de portée de la recherche). On a étudié de nombreuses familles de protéines, issues chacune d'une séquence ancestrale commune à partir de laquelle les protéines de la famille ont évolué par mutations locales. Nous nous trouvons là devant un exemple de la stratégie décrite précédemment : le cheminement au hasard (mutation après mutation) parmi des suites de symboles, avec un biais vers des suites d'intérêt croissant. Les protéines d'une même famille ont généralement une même forme et peuvent apparaître dans des espèces différentes, ou plusieurs protéines différentes d'une même famille peuvent apparaître dans une même espèce. Deux protéines de la même famille peuvent avoir ou non des fonctions apparentées. Il arrive qu'une séquence codant pour une protéine devienne (à la suite d'une duplication de gènes) disponible pour d'autres usages. La pression de l'évolution peut éliminer le gène dupliqué parce qu'il est inutile ou alors, par mutation, ce gène peut entamer une vie nouvelle et coder pour une protéine avec un nouvel usage. Cela signifie qu'une nouvelle protéine a été obtenue en bricolant une protéine ancienne. Le bricolage en matière d'évolution de protéines peut dépasser la modification locale de séquences existantes. Il arrive que des morceaux de deux gènes, codant pour des protéines différentes, soient réunis et codent pour une nouvelle protéine. Si la *protéine mosaïque* ainsi obtenue trouve son utilité, elle constitue le premier membre d'une nouvelle famille, avec une forme différente des protéines mères.

François Jacob décrit l'évolution biologique comme un processus de bricolage généralisé. Ce processus peut donner naissance à de nouvelles protéines utiles à partir de protéines qui existent déjà ; il peut également fabriquer une aile à partir d'une patte, ou une partie d'oreille avec un morceau de mâchoire, etc. Le processus de bricolage dans l'évolution biologique est peut-être dénué d'intelligence, mais il est extraordinairement efficace. Un inventeur humain ne serait pas capable de construire le merveilleux produit de l'évolution qu'est un moustique ou un cerveau humain. Remarquez cependant qu'un inventeur humain pourrait éviter certaines erreurs qui paraissent stupides dans l'évolution (comme de croiser le passage de la nourriture vers notre estomac avec le passage de l'air de notre nez vers nos poumons) [3].

Il est naturel de penser (suivant une idée développée par Aharon Kantorovich [4]) que le bricolage joue un rôle non seulement dans l'évolution biologique, mais également dans la découverte scientifique. C'est le cas en particulier dans la construction de théories mathématiques, où il est possible d'essayer de modifier au hasard les concepts qui existent déjà dans l'espoir de trouver quelque chose d'intéressant. Il est également possible d'assembler de diverses manières les faits déjà connus, jusqu'à obtenir une nouveauté intéressante. Ceci constitue l'assemblage d'idées, qui peut être inconscient et a été décrit par Henri Poincaré et Jacques Hadamard.

Évidemment, combiner des idées au hasard ne constitue qu'une partie du processus de création mathématique. Un mathématicien qui travaille dans un domaine donné a des idées précises sur les structures qui jouent un rôle dans ce domaine et procède en partie de manière systématique à partir de ces idées structurelles. En d'autres termes, pour le mathématicien professionnel, les mathématiques sont un sujet qui a une signification. Il convient de découvrir cette signification. Elle n'est pas évidente mais elle existe. Nous nous trouvons à présent confrontés à un sérieux problème : quel sens pouvons-nous attribuer au mot *signification* en mathématiques ?

21

La stratégie
de l'invention mathématique

Si vous avez quelque relation avec une université, vous avez peut-être visité la bibliothèque du département de mathématiques. Si ce n'est pas le cas, je vous suggère de le faire. Vous y verrez des tables, autour desquelles travaillent des étudiants ou des enseignants du département, des terminaux d'ordinateurs, des rayonnages de livres, des rayonnages de revues mathématiques anciennes en volumes reliés et également des rayonnages de présentation avec les exemplaires récents non reliés des mêmes revues. Choisissez un exemplaire récent des *Annals of Mathematics*, des *Inventiones Mathematicae* ou d'une quelconque de douzaines d'autres revues. En le feuilletant, vous trouverez des articles plus ou moins longs sur divers sujets ésotériques. Chaque article commence par un titre, le nom et l'affiliation de l'auteur, un court résumé (*abstract*), suivis du texte principal avec théorèmes, démonstrations, etc., et, à la fin de l'article, une liste de références à d'autres articles d'auteurs variés. La revue que vous tenez en main contiendra souvent des articles plus courts dont les titres comportent un mot latin comme *errata, addenda, corrigenda*. Ces *errata* sont écrits par les auteurs d'articles publiés précédemment, qui reconnaissent qu'il y a quelque chose de pas tout à fait correct dans leur article et qui essaient de le rectifier. Il s'agit peut-être simplement d'une référence à ajouter, « aimablement » signalée par un collègue. Plus fréquemment, le collègue a aimablement signalé une vraie erreur dans la démonstration. Il arrive alors quelquefois que les auteurs soient forcés d'admettre que leur « théorème principal » n'a pas été démontré, et qu'ils doivent se contenter de résultats plus faibles et dès lors moins intéressants. Cette défaite honorable ne constitue cependant pas la situation la plus courante. Le plus souvent, les auteurs remercient le collègue qui a fourni un contre-exemple à un lemme de leur article, mais signalent que leur résultat principal dérive d'un lemme plus faible, qui est indiscutablement correct.

Comment se fait-il que des erreurs soient aussi fréquentes dans des articles, mais qu'elles puissent en général être réparées plus ou moins facilement ? Le fait est que la manière dont les résultats sont présentés dans un article n'est pas celle par laquelle ils ont été obtenus. Un article est la description d'une théorie mathématique (ou d'une partie de théorie) construite par l'auteur. Cette construction implique de deviner diverses idées mathématiques et leurs relations. Les idées sont souvent problématiques (une chose paraît évidente mais devra être vérifiée par la suite, ou une chose est peut-être vraie – par analogie avec un résultat connu –, mais nécessite une démonstration). Construire une théorie mathématique, c'est donc deviner un réseau d'idées et, progressivement, renforcer et modifier le réseau jusqu'à ce qu'il soit logiquement inattaquable. Tant que ce stade n'est pas atteint, la théorie n'existe pas. En réalité, vous n'avez aucune garantie du fait qu'il vous sera possible de compléter la théorie comme vous l'aviez prévu au départ (si c'était le cas, la théorie serait de peu d'intérêt). Il est clair que, pendant votre travail de construction, il vous faut concentrer vos efforts sur les maillons les plus faibles de votre raisonnement : c'est là que votre théorie a le plus de chances d'échouer, et vous gagnerez du temps si vous vous en rendez compte le plus vite possible. Les étapes faciles et sans danger sont laissées à plus tard et souvent traitées par une phrase expéditive lors de la rédaction définitive : « Il est évident que… » « il est bien connu que… » Après avoir assuré le réseau d'idées qui constitue votre théorie, il vous reste à rédiger tout cela, à choisir un ordre de présentation, une terminologie, des notations… et à espérer que vous ne rencontrerez pas de mauvaises surprises au moment de fixer les derniers détails. Des considérations secondaires peuvent jouer un rôle important dans la rédaction de la version définitive de votre article : rattacher votre travail à celui d'autres mathématiciens ou énoncer un résultat intermédiaire dans des termes plus généraux qu'il n'est strictement nécessaire, de manière à lui donner un intérêt indépendant. Un bon mathématicien, qui a passé un temps considérable sur le travail essentiel d'élaboration d'une théorie, sera peut-être plus désinvolte dans l'élaboration secondaire que constitue la rédaction définitive de l'article. Cette attitude désinvolte (je veux finir d'écrire ce fichu article, le voir publié et pouvoir penser à autre chose) est responsable des erreurs, et typiquement ces erreurs peuvent être corrigées sans grands dommages pour les résultats principaux de l'article. Nous pouvons dire que notre bon mathématicien, après avoir passé beaucoup de temps à explorer une certaine partie de paysage mathématique, écrit un article qui décrit un seul itinéraire à travers ce paysage. Si cet itinéraire contient un raccourci interdit, il sera sans doute possible de trouver un autre chemin.

J'espère vous avoir convaincu que la construction d'une théorie mathématique constitue l'essence du travail mathématique. Je vais maintenant tenter d'esquisser quelques principes de stratégie pour une telle construction. Mon approche sera nécessairement informelle : gardez à l'esprit que nos principes ne sont pas équivalents à un programme qui pourrait être entré dans un ordinateur.

Le premier principe est la *planification*, c'est-à-dire que la construction d'une théorie mathématique part d'un plan : un réseau d'idées plus ou moins problématiques, qu'il faudra peut-être modifier profondément par la suite. Souvenez-vous que, lorsque nous avons discuté l'évolution des protéines par mutations, dans le dernier chapitre, nous avons qualifié le processus de bricolage efficace, mais inintelligent. Planifier la construction d'une théorie mathématique, par contre, peut être considéré comme un processus intelligent. Dire cela, c'est reconnaître la différence entre le bricolage et la construction planifiée et donner à cette différence un nom en accord avec l'usage commun. (Il est possible d'utiliser le mot « intelligent » sans avoir d'abord résolu le problème métaphysique général de définition de l'intelligence. Il faut cependant admettre que l'usage du mot ne possède dès lors aucune valeur d'explication.)

Bien sûr, il nous faut maintenant expliquer comment nous allons planifier la construction d'une théorie mathématique, c'est-à-dire comment organiser un réseau cohérent d'idées mathématiques. Je discuterai ici quelques principes généraux : l'usage de faits connus et d'idées structurelles, l'usage d'analogies. Je finirai par quelques remarques sur l'intuition.

L'usage de faits mathématiques connus comprend l'application de théorèmes connus, d'une manière qui peut être facile et évidente. Par exemple, si vous voulez connaître les nombres complexes z tels que $z^2 - 3\,z + 1 = 0$, le théorème fondamental de l'algèbre vous dit qu'il existe deux tels nombres complexes et une formule bien connue les donne comme $\frac{1}{2}(3 - \sqrt{5})$ et $\frac{1}{2}(3 + \sqrt{5})$ (qui sont réels). Il arrive que l'application de théorèmes et de formules connus soit difficile et tortueuse, et l'usage d'un ordinateur est quelquefois nécessaire [1]. Pour certains problèmes (comme la simplification d'expressions algébriques), un bricolage obstiné est nécessaire et peut se faire à l'aide d'un programme d'ordinateur, avec des résultats non triviaux. À ce sujet, je voudrais citer quelques remarques concernant le logiciel *Mathematica* [2] :

« La notion de règles de transformation est très générale. En fait, *Mathematica* peut être compris simplement comme un système qui applique un ensemble de règles de transformation à des expressions de nombreuses sortes. »

« Le principe général suivi par *Mathematica* est facile à énoncer. Il prend toute expression qu'on lui propose et obtient des résultats en appliquant une série de règles de transformation, s'arrêtant quand il ne trouve plus de règle de transformation applicable. »

L'usage d'idées structurelles imprègne toutes les mathématiques contemporaines. Pour prendre un exemple simple, supposez que vous rencontrez un ensemble S tel que, aux éléments $a, b \in S$, est associé un élément $a \times b \in S$. Alors, vous *devez* vous poser certaines questions : l'opération $\times$ est-elle *associative* (c'est-à-dire est-ce que $(a \times b) \times c = a \times (b \times c)$) ? Et S avec cette opération constitue-t-il un groupe ? (Je voudrais mentionner, sans entrer dans les détails, que l'obstination à introduire une structure de groupe conduit en particulier à un domaine d'étude important appelé la *K-théorie*, développée par de nombreux mathématiciens à la suite d'une idée originale de Grothendieck.) Pour revenir à une discussion précédente, je tiens à répéter que les structures mathématiques sont une invention humaine. Dans certains cas (comme la théorie de la mesure), les mathématiciens ne sont pas d'accord sur la structure à utiliser. Cependant, les considérations structurelles (comme l'utilisation de catégories et de foncteurs) constituent l'un des aspects essentiels de plusieurs branches des mathématiques contemporaines. Dans d'autres branches, les considérations structurelles ne semblent pas jouer un rôle aussi éminent ; pourtant des préoccupations structurelles sont souvent présentes dans l'esprit des mathématiciens, même lorsqu'ils n'en font pas état explicitement. L'approche structurelle des mathématiques peut être vue comme un préjugé idéologique, mais ce préjugé a été remarquablement fécond et on peut dire qu'il capte une part importante de l'obscur objet de la recherche mathématique : la réalité mathématique.

L'analogie est un outil puissant du travail mathématique, en particulier au cours de la phase de planification d'une théorie. Cependant, contrairement à l'usage de faits connus et d'idées structurelles, l'analogie n'est pas un guide sûr. Ici, lorsqu'une chose est vraie dans une certaine situation, vous imaginez qu'une chose analogue pourrait être vraie dans une autre situation, dont vous pensez qu'elle est un peu analogue. Par exemple, sachant qu'il existe un algorithme (Euclide) qui permet la division avec reste d'un entier par un autre, vous pouvez deviner qu'une opération similaire sur des polynômes est possible. Cette sorte d'extrapolation nécessite une bonne connaissance des mathématiques et une bonne perception de ce qui est similaire ou ne l'est pas. La grande vertu de l'analogie est de vous permettre de commencer à construire une théorie. Il n'existe cependant aucune garantie qu'une analogie pourra être poursuivie avec succès. L'utilisation de l'analogie n'est pas un processus totalement logique et cela ravit certains mathématiciens alors que d'autres en sont irrités. Ces derniers voudront comprendre pourquoi deux théories sont analogues, par exemple en trouvant une théorie plus générale qui les englobe toutes les deux comme cas particuliers.

Que dire de l'*intuition mathématique* ? Lorsque nous étudions un sujet mathématique, nous développons une certaine intuition de ce sujet : nous accumulons dans notre mémoire un grand nombre de faits auxquels nous avons accès facilement et même inconsciemment. Dans la mesure où la pensée mathématique est en partie inconsciente, et en partie non verbale, il est commode de dire que nous agissons intuitivement. Je ne pense cependant pas qu'il y a quelque chose de supranormal dans l'intuition mathématique.

Parler de supranormal m'amène à mentionner un fait curieux : les mathématiciens sont plus religieux que la plupart des autres scientifiques. Le pourcentage de mathématiciens qui croient en Dieu et en l'Au-delà est deux fois plus élevé que celui de physiciens [3]. Je pense que cela signifie que la relation des mathématiciens à la réalité est différente – statistiquement – de celle des physiciens. (Peut-être dois-je donner ma propre position sur la question : je suis areligieux, d'une manière libérale : je crains également les fanatiques religieux et les fanatiques antireligieux.)

Peut-être est-il temps de dire quelques mots de la *signification* dans le domaine mathématique. Nous avons vu que la présentation technique d'une théorie mathématique dans un article est assez éloignée de cette théorie telle qu'elle existe dans l'esprit de son auteur. Des idées intuitives, des concepts non verbaux doivent être habillés et exprimés en jargon professionnel. Cela peut suggérer que, derrière le jargon utilisé dans les revues professionnelles, se cache le sens vrai des mathématiques et que celui-ci n'est pas de nature formelle. En fait, durant les exposés (qui sont moins formels que les articles), l'orateur expliquera souvent ce qu'un théorème « signifie réellement ». Pourquoi, dès lors, ne pas abandonner le langage guindé des mathématiques imprimées et expliquer le sens réel ce qu'on est en train de faire ? Pour comprendre l'enjeu de cette question, il faut garder présent à l'esprit le fait que les mathématiques sont une affaire de connaissance et non d'opinion. Il en est ainsi parce que, depuis les Grecs, les mathématiques ont une solide base d'axiomes et de règles de déduction. Les théories sont développées à partir de cette base, et engendrent une intuition qui va au-delà des théories, reconnaît des analogies et formule des conjectures. Des résultats nouveaux induisent des intuitions nouvelles qui peuvent à leur tour mener à un changement dans la structure logique des théories, avec leurs axiomes et définitions. Cependant, la signification intuitive des mathématiques est ancrée dans le formalisme. Abandonnez le formalisme au profit de la signification intuitive, et les mathématiques se transformeront rapidement en une question d'opinion plutôt que de connaissance. Les progrès s'en trouveront rapidement ralentis et s'arrêteront bientôt totalement.

22

Physique mathématique et comportements émergents

Selon Galilée, le Grand Livre de la Nature est écrit en langage mathématique [1]. On peut en tout cas dire que, depuis Galilée, les étudiants du monde physique se sont donné pour tâche de transcrire le Grand Livre en langage mathématique. Si bien que les physiciens sont toujours, d'une certaine manière, des mathématiciens. Cependant, certains physiciens utilisent très peu de maths. D'autres, qui se définissent eux-mêmes comme des *physiciens mathématiciens*, utilisent des mathématiques non triviales dans leur étude du Grand Livre. Il ne fait pas de doute que Newton était un physicien mathé-maticien. Einstein [2] également se définissait lui-même comme un physicien mathématicien. Ensuite, il y eut une période, au milieu du XXe siècle, où de nombreux physiciens parmi lesquels Richard Feynman [3], ne voulurent plus rien avoir à faire avec les mathématiques. Feynman avait néan-moins une bonne connaissance des mathématiques classiques et son introduction de *l'intégrale de Feynman* constitue une contribution fondamentale aux mathématiques conceptuelles. Par ailleurs, la relation qu'avaient certains autres physiciens avec les mathématiques se réduisait souvent à « une connaissance rudimentaire des alphabets latin et grec » [4]. À la fin du XXe siècle, les mathématiques ont opéré un retour en force en physique, avec la populaire *théorie des cordes*, qui a conduit à des développements importants en mathématiques pures, mais n'a établi que peu de contacts avec le Grand Livre de la Nature. Actuellement, beaucoup de publications classées sous la rubrique « physique mathématique » proviennent de gens qui n'ont guère de formation en physique, et ces contributions ont souvent un statut scientifique douteux. Au risque de répéter une évidence, je dois rappeler que le but de la physique n'est pas de démontrer des « théorèmes physiques non triviaux » ; le but est de comprendre le Grand Livre de la Nature à l'aide de toute méthode adéquate, et cela peut inclure le développement de nouvelles théories mathématiques.

Les remarques précédentes n'ont pas d'intention polémique : les collègues scientifiques qui liront ce chapitre connaissent la complexité de la situation et ont leur propre opinion sur la question. Je mets simplement les autres lecteurs en garde sur le fait que « physique mathématique » ne veut pas forcément dire la même chose pour différentes personnes. Pour moi, la physique mathématique a un caractère unique : la Nature elle-même vous prend par la main et vous suggère l'ébauche de théories mathématiques qu'un mathématicien pur n'aurait pas trouvées sans cette aide. De nombreux détails demeurent cependant cachés et il vous reste la tâche de les mettre en lumière. Un aspect de cette tâche que j'ai trouvé particulièrement fascinant est de donner un sens mathématique à des comportements émergents de systèmes physiques. Je m'expliquerai plus loin à ce sujet.

La découverte des lois fondamentales joue un rôle essentiel dans l'histoire de la physique : les lois de la mécanique classique et de la gravitation révélées par Newton et Einstein, les lois de la mécanique quantique que l'on doit à Heisenberg et Schrödinger [5]. À partir des lois fondamentales actuellement connues, on peut comprendre en principe *presque tous* les phénomènes physiques observés. Des efforts considérables sont déployés actuellement pour obtenir une « théorie de tout », qui permettrait, en principe, de comprendre *tous* les phénomènes physiques observés. Lorsqu'une telle théorie aura été obtenue, il sera possible de calculer, peut-être au prix de grandes difficultés et avec une précision limitée, toutes les quantités physiques. La partie la plus intéressante de l'histoire de la physique semblerait alors terminée, le reste n'étant « que des calculs ». En réalité, les choses ne sont pas si simples, parce qu'il existe en physique des problèmes conceptuels importants, qui vont bien au-delà de la découverte des lois fondamentales. La situation est en fait semblable à celle de diverses branches des mathématiques. Par exemple, au-delà des lois fondamentales de l'arithmétique, il existe d'importants problèmes conceptuels : existe-t-il une infinité de nombres premiers ? Sont-ils distribués selon le théorème des nombres premiers ? etc.

Songez maintenant au problème suivant : comment comprendre les propriétés de l'eau à partir des lois fondamentales de la mécanique des molécules d'eau. Vous voudriez par exemple comprendre les *changements de phase* : pourquoi, lorsque vous faites varier la température, l'eau se transforme-t-elle soudainement en glace ou en vapeur ? Vous voudriez calculer la *viscosité* de l'eau (sa résistance à la déformation), et vous voudriez comprendre la *turbulence* (le fait que vous puissiez facilement créer de la turbulence dans votre baignoire ne vous aide pas beaucoup à en comprendre la nature). Les propriétés que nous venons de mentionner sont des propriétés *émergentes* : ce ne sont pas les propriétés d'une molécule ou de dix molécules d'eau, elles apparaissent à la limite d'une infinité de molécules. Il est exact qu'au laboratoire vous travaillez toujours avec une quantité d'eau finie, mais le nombre de molécules contenues dans un litre est énorme, et les propriétés dont on vient de parler sont (en première approximation) celles d'un système infini.

Je pourrais être tenté d'entrer dans les détails concernant l'étude des transitions de phase (mécanique statistique de l'équilibre), de la viscosité (mécanique statistique du non-équilibre), ou de la turbulence. Il s'agit là en effet de domaines où j'ai exercé mon activité professionnelle. Cependant, les aspects techniques de ces questions sont rébarbatifs et nous distrairaient de l'objectif de ce chapitre qui est de discuter la relation entre les mathématiques et la physique mathématique dans un cas particulier : l'étude de propriétés émergentes dans les systèmes à un grand nombre de particules. Je voudrais poursuivre la discussion en énonçant trois remarques importantes sur la physique mathématique.

La première remarque est que la nature *nous fait des suggestions mathématiques*. Dans le cas de l'eau, elle nous dit de considérer un nombre infini de molécules afin de pouvoir étudier des sujets comme les transitions de phase ou la viscosité. Cependant, la nature ne nous dit pas tout, et il a fallu le génie de Boltzmann et de Gibbs [6], ainsi que de nombreux travaux ultérieurs, pour comprendre comment certains problèmes, y compris les transitions de phase, peuvent être analysés dans le cadre de la *mécanique statistique de l'équilibre*. Cette théorie est beaucoup plus simple que la *mécanique statistique du non-équilibre*, nécessaire par exemple pour étudier la viscosité. La mécanique statistique du non-équilibre implique l'étude de l'évolution temporelle d'un système infini de molécules. Cet aspect dynamique disparaît (comme nous le verrons dans un moment) en mécanique statistique de l'équilibre, dont le temps est absent.

Une seconde remarque importante est que *la physique mathématique utilise des systèmes idéalisés*. Nous savons qu'une molécule d'eau est composée de noyaux d'Oxygène et d'Hydrogène entourés d'électrons, et que les noyaux ont également une structure composite. Nous avons de bonnes raisons de penser que ces complications ne sont pas essentielles à la compréhension de l'ébullition et de la congélation dont il était question plus haut. Une approche raisonnable (en fait la seule approche possible) est d'étudier divers systèmes idéalisés. Les modèles plus simples peuvent être analysés plus facilement, avec plus de détails, et sont mathématiquement plus intéressants. Des modèles plus élaborés se rapprocheront d'avantage de la réalité physique, et plairont davantage aux physiciens.

La troisième remarque importante est que, *même si la nature suggère un théorème, elle ne précise pas clairement dans quels cas celui-ci est applicable*. Cela vient en complément de la première remarque et nous en verrons bientôt un exemple dans la discussion de la mécanique statistique de l'équilibre.

La mécanique statistique de l'équilibre est une *théorie émergente*. Elle utilise certains concepts comme l'*énergie* qui sont déjà présents en mécanique (classique ou quantique) et d'autres concepts qui sont nouveaux comme l'*état d'équilibre* et la *température*. Je dois expliquer ici que certains états de la matière sont distingués par les physiciens et appelés états d'équilibre [7] ; par exemple, 1 kg d'eau au repos dans un volume V avec une température absolue donnée $T > 0$. L'eau est constituée de N molécules (correspondant à 1 kg) qui peuvent avoir des positions et des vitesses variées (nous choisissons ici une description classique plutôt que quantique). La mécanique statistique classique de l'équilibre donne la probabilité pour les N particules d'occuper des positions données et d'avoir des vitesses données. La molécule d'eau H_2O peut avoir différentes orientations dans l'espace, ce qui constitue une complication indésirable. Nous allons donc remplacer l'eau par de l'Argon. La molécule d'Argon est constituée d'un seul atome, que nous pouvons supposer à symétrie sphérique et sa position est donc donnée par les coordonnées $x = (x^1, x^2, x^3)$ de son centre. (Je vais maintenant poursuivre avec quelques formules qui clarifieront les choses pour certains lecteurs ; si elles n'ont pas de sens pour vous, parcourez-les sans vous arrêter.) Au lieu de la vitesse v, on considère d'habitude la quantité de mouvement $p = mv = (p^1, p^2, p^3)$, où m est la masse d'un atome d'Argon. L'énergie de N atomes d'Argon en interaction dans le volume V est une fonction

$$E\ (x^1,\ ...,\ x^N,\ p^1,\ ...,\ p^N)$$

des N positions (dans le volume V) des atomes, et de leurs N quantités de mouvement. La mécanique statistique classique de l'équilibre donne la probabilité que chaque coordonnée de position soit dans un intervalle (infinitésimal) $(x^i_j, x^i_j + dx^i_j)$ et chaque composante de quantité de mouvement dans un intervalle $(p^i_j, p^i_j + dp^i_j)$; cette probabilité est

$$= Ce^{-E(x_1, ... x_N,\ p_1, ... p_N)/kT} \prod_{i=1}^{3} \prod_{j=1}^{N} dx^i_j dp^i_j$$

où T est la température absolue, k une constante universelle (la constante de Boltzmann) et la constante C est ajustée de telle manière que l'intégrale sur $x_1, ...\ x_N$ dans le volume V et $p_1, ... p_N$ dans R^3 donne 1.

Pour des raisons de simplicité, j'ai discuté des systèmes classiques plutôt que des systèmes quantiques et, à la suite de Boltzmann et Gibbs, j'ai présenté une certaine mesure de probabilité qui décrit l'état d'équilibre d'un système constitué d'un grand nombre N de particules. (Cette mesure de probabilité est connue techniquement sous le nom bizarre d'*ensemble canonique*.) Vous remarquerez que l'évolution temporelle de nos N particules a été oubliée. L'idée (de Boltzmann, Gibbs et d'autres) est qu'il existe un comportement émergent d'une classe d'états de grands systèmes (les états dits d'équilibre) pour lesquels l'évolution temporelle ne joue aucun rôle. Justifier le comportement émergent des états d'équilibre est un problème intéressant mais que nous pouvons ignorer si nous le souhaitons : il se situe hors du domaine de compétence de la mécanique statistique de l'équilibre.

Les pères fondateurs de la mécanique statistique de l'équilibre s'intéressaient à la limite des grands systèmes et ces systèmes possèdent un comportement *extensif* très caractéristique. En effet, la Nature nous dit que si, à une température donnée, nous doublons le nombre de molécules et le volume du récipient (sa forme n'a pas trop d'importance), alors l'énergie de l'état d'équilibre doit doubler également. (Plus précisément, il faudrait parler de l'énergie moyenne dans l'état d'équilibre et dire qu'elle double à de petites corrections près.) La Nature nous enseigne donc que, pour un grand système dans un état d'équilibre, il existe des variables *intensives* (la température, la pression, etc.) et des variables *extensives* (le nombre de particules, le volume, l'énergie totale, etc.) telles qu'il est possible de doubler la valeur de toutes les variables extensives sans modifier la valeur des variables intensives (à de petites corrections près). Clairement, il doit exister un théorème justifiant ce comportement extensif ou *thermodynamique*, mais la Nature ne nous dit pas dans quelles conditions le théorème est applicable (ce caractère imprécis des suggestions de la Nature constituait notre troisième remarque importante). Un gaz d'étoiles, par exemple, présente-t-il un comportement thermodynamique ? Non ! Les amas globulaires observés par les astronomes ne sont pas des états d'équilibre : ils se contractent lentement et s'évaporent. En fait, l'interaction gravitationnelle attractive entre les étoiles ne conduit pas à un comportement thermodynamique.

Je viens d'esquisser un exemple de comportement émergent (dans ce cas, le comportement thermodynamique) par lequel la Nature suggère une théorie mathématique, mais laisse au physicien mathématicien le soin de combler les détails. L'étude d'autres comportements émergents, comme c'est le cas en mécanique statistique du non-équilibre ou dans la turbulence hydrodynamique, ne constitue pas un moindre défi.

Les nouvelles structures mathématiques mises au jour par l'étude de la physique mathématique peuvent présenter un intérêt considérable d'un point de vue purement mathématique, et peuvent avoir des applications sans liens avec la physique. Je vais à présent donner un exemple, comprenant une courte description technique que certains lecteurs trouveront un peu ardue. Qu'ils la parcourent rapidement : ils pourront peut-être, comme dans un chapitre antérieur, apprécier la mélodie et le style du chant, sinon son sens exact. Je désire discuter la mécanique statistique à l'équilibre d'un système de *spins sur un réseau*. Considérons une boîte finie (dessinée ici comme un morceau de grille à deux dimensions) contenant N spins $\sigma_1, ..., \sigma_N$:

$$
\begin{array}{ccccc}
+ & + & - & + & - \\
+ & - & - & + & - \\
- & + & + & + & + \\
- & + & - & - & + \\
- & - & + & - & -
\end{array}
$$

Chaque spin dans la boîte peut prendre la valeur $+1$ ou -1 (notée par $+$ ou $-$) et une certaine fonction énergie $E(\sigma_1, ..., \sigma_N)$ est donnée. À la température T, une configuration de spin possède alors la probabilité

$$p_{\sigma_1, .. \sigma_N} = Ce^{-E(\sigma_1, ... \sigma_N)/kT}$$

où le nombre C est ajusté de telle manière que la somme de toutes les 2^N probabilités $p_{\sigma_1, ..., \sigma_N}$ soit égale à 1. Pour observer un comportement thermodynamique, il nous faut introduire ce qu'on appelle des *interactions*, qui permettent le calcul de la fonction énergie pour des boîtes arbitrairement grandes (d'une manière invariante pour les translations du réseau). On peut passer alors à la limite d'une boîte infinie :

Il est possible de définir à la limite, une distribution de probabilité pour les systèmes avec un nombre infini de spins sur un réseau, et c'est ce qu'on appelle un *état de Gibbs*. Les états de Gibbs pour les systèmes de spins sur un réseau ont une riche théorie mathématique, développée au départ par Dobrushin [8], Lanford, moi-même et, par la suite, par de nombreuses autres personnes, parmi lesquelles Sinaï [9]. Je me suis intéressé, en particulier, aux systèmes à une dimension

et j'ai montré que de tels systèmes ont un seul état de Gibbs, et que celui-ci a une « bonne » dépendance de l'interaction (dépendance analytique – réelle dans un certain sens). Cela n'est pas trop étonnant parce que l'on s'attend à ce que les systèmes à une dimension n'aient pas de transition de phase (dans des conditions techniques adéquates).

L'histoire des états de Gibbs, arrivée à ce point, a eu un développement soudain, passant de la physique mathématique à un domaine tout différent quand Yasha Sinaï a démontré l'existence d'une *dynamique symbolique* pour les *difféomorphismes d'Anosov*. Cela veut dire que les points de variétés différentiables bien choisies M peuvent être codés par des suites

$$. \quad . \quad + \quad - \quad + \quad + \quad + \quad . \quad .$$

correspondant à un système de spins à une dimension, de telle manière que l'action sur M d'une application différentiable appelée un difféomorphisme d'Anosov, corresponde au déplacement de tous les symboles   d'une case vers la gauche dans la suite indiquée plus haut, c'est-à-dire dans un réseau à une dimension. Sinaï (et d'autres, en particulier Bowen [10]) ont pu alors commencer à étudier les états de Gibbs sur les variétés. Cette idée a donné lieu à des développements mathématiques considérables [11] et est revenue des mathématiques vers la physique dans l'étude du *chaos* [12]. L'idée de Sinaï a le grand mérite d'introduire un outil analytique (les états de Gibbs) dans un problème géométrique (les difféomorphismes). Remarquons qu'il aurait été en principe possible de prouver l'existence de la dynamique symbolique sans connaître la mécanique statistique de l'équilibre, mais Sinaï connaissait la mécanique statistique et a été guidé par sa connaissance de ce sujet.

Le sec résumé que je viens de présenter ne permet pas hélas de communiquer l'expérience extraordinaire qu'a été pour moi la participation au développement d'une belle théorie mathématique, qui a trouvé son origine dans la physique mathématique et puis est revenue à la physique avec la théorie du chaos. J'ai eu dans cet épisode la grande chance d'interagir avec des collègues qui n'étaient pas seulement de brillants mathématiciens, mais également des gens très agréables. En effet, il y a eu une grande époque (quelques années autour de 1970) où les Russes Dobrushin et Sinaï, les Américains Lanford et Bowen et moi-même échangions librement nos idées alors que de nouveaux territoires de recherche s'ouvraient à la frontière des mathématiques et de la physique.

23

La beauté des mathématiques

Nous sommes nombreux à trouver de la beauté dans des œuvres physiques ou biologiques de la Nature : un cristal de quartz, une fleur ou un papillon. Nous trouvons aussi de la beauté dans les œuvres de l'Homme, comme une poterie parfaitement modelée. Et certains d'entre nous trouvent de la beauté dans les mathématiques.

Notre sens de la beauté appartient à la nature humaine, et c'est la raison pour laquelle nous trouvons de la beauté dans un corps humain parfait, dans la voix humaine ou dans une poterie façonnée par une main d'homme. Cependant, le sens de la perfection, de la pureté et de la simplicité que nous associons souvent à l'idée de beauté nous éloigne aussi des misères de l'humanité : vers les fleurs, les cristaux, les Dieux ou Dieu. Notre recherche nous mène au-delà de notre monde ordinaire, humain, biologique ou physique. Existe-t-il autre chose, au-delà de ce monde d'incertitudes ? Oui, les mathématiques qui atteignent la connaissance et n'expriment pas seulement des opinions.

Si je veux parler de la beauté des mathématiques où règne la logique, pourquoi mentionner les incertitudes de la physique, de la biologie ou de la théologie ? Tout simplement parce que notre sens humain de la beauté n'est pas gouverné par la stricte logique. Notre sens de la beauté peut nous faire désirer une logique inhumaine, mais ce même sens de la beauté reste très humain et n'est pas particulièrement logique. Je voudrais rappeler brièvement à ce sujet, que la beauté musicale est basée sur des intervalles qui correspondent à des rapports rationnels simples entre les fréquences des sons. Cependant, ces rapports simples sont modifiés dans la gamme tempérée, d'une manière qui nous est acceptable, à nous humains, principalement à cause de notre capacité limitée à distinguer les fréquences des sons. Du point de vue arithmétique, la gamme tempérée est une monstruosité : dans notre quête de la beauté musicale, nous avons fait passer la commodité avant la logique.

Nous devons être prêts à admettre que la perfection, la pureté, la simplicité que nous aimons en mathématiques sont liées métaphoriquement à notre quête de perfection, de pureté et de simplicité humaines. Ceci explique en partie le sentiment religieux souvent présent chez les mathématiciens. Cependant, il faut aussi accepter que notre amour des mathématiques n'est pas exempt des contradictions humaines habituelles. Ce qui nous attire, nous, frêles humains, vers les mathématiques, c'est qu'elles confrontent l'incertitude et le caractère relatif de la pensée humaine à l'absolue certitude de la vérité mathématique. C'est seulement en mathématiques qu'il est possible de vérifier une affirmation en examinant chaque détail de sa démonstration, pour être ensuite absolument certain de cette démonstration, quelle qu'en soit la longueur. Les mathématiques sont la seule entreprise humaine où l'usage d'un langage humain naturel n'est en principe pas nécessaire, et qui peut se passer de toute référence à notre environnement physique, biologique ou psychologique.

Parmi les diverses raisons de faire des mathématiques, mentionnons le désir d'être le meilleur, le premier, de devenir un académicien important et de gagner un prix de un million de dollars. Je ne m'attarderai pas sur ces motifs qui ne sont pas spécifiques aux mathématiques. L'important, pour de nombreux mathématiciens, est de se sentir membres d'une élite qui partage un trésor intellectuel. On pourrait dire la même chose pour d'autres groupes humains. Cependant, la communauté mathématique se distingue parce qu'il y a consensus sur qui en fait partie, parce qu'elle est à la fois internationale, interactive et relativement petite (quelques milliers de mathématiciens créatifs), et surtout parce qu'elle est composée d'une espèce unique d'individus qui ont poussé l'accomplissement intellectuel à son ultime limite.

Les mathématiques sont utiles : elles sont le langage de la physique, et certains aspects des mathématiques sont importants dans toutes les sciences et leurs applications, et également dans le domaine de la finance. Cependant, si j'en crois mon expérience personnelle, les bons mathématiciens sont rarement poussés par un sens aigu du devoir et un culte du résultat qui les inciteraient à faire œuvre utile. À dire vrai, certains mathématiciens préfèrent penser que leur travail est complètement inutile. (Ils se trompent quelquefois : la théorie des nombres, considérée traditionnellement comme très belle et inutile, a trouvé des applications en cryptographie, avec des aspects financiers et militaires importants.) En ce qui concerne les applications des mathématiques à la physique et à d'autres sciences, je préfère, dans de nombreux cas, penser à une symbiose. Cette symbiose est un sujet d'un grand intérêt philosophique, mais situé hors des mathématiques proprement dites, et je me suis limité à une brève discussion du cas de la physique mathématique dans le dernier chapitre.

Parmi les choses utiles liées aux mathématiques, l'enseignement est essentiel, et de nombreux mathématiciens le prennent très à cœur. Vous pouvez, en effet, désirer partager votre amour de la beauté des mathématiques, même s'il est important pour vous qu'elles demeurent inutiles ! L'enseignement peut prendre la forme de cours à des étudiants, de séminaires ou de discussions informelles. Les mathématiques ont vécu et se sont épanouies dans une succession d'endroits où elles étaient enseignées et discutées : d'Alexandrie dans l'Antiquité à Göttingen et Heidelberg aux XIXe et XXe siècles, ainsi qu'en de nombreux autres lieux et temps. J'ai eu personnellement la chance d'être présent dans plusieurs de ces endroits où les mathématiques étaient vivantes et en pleine création [1], et c'est une expérience inoubliable. Cependant, en mathématiques comme dans les arts, les grands moments ne durent pas éternellement. Bien que le déclin et la chute puissent advenir de diverses manières, la politique joue souvent un rôle décisif : la dictature au niveau des pays et la lutte pour le pouvoir au niveau des institutions d'enseignement et de recherche.

J'espère vous avoir convaincus de ce que l'amour de la beauté mathématique est la raison essentielle pour laquelle les mathématiciens font et enseignent les mathématiques. Mais peut-on dire ce qui fait la beauté des mathématiques ? Je voudrais proposer une réponse à cette question : je pense que *la beauté des mathématiques consiste dans la découverte de la simplicité et de la complexité cachées qui coexistent dans le cadre logique rigide imposé par le sujet.*

Bien sûr, l'interaction réciproque et la tension entre simplicité et complexité sont aussi un élément de l'art et de la beauté en dehors des mathématiques. Ainsi, la beauté que nous trouvons dans les mathématiques n'est pas sans rapport avec la beauté que notre nature humaine voit dans d'autres domaines ; et le fait que nous soyons attirés à la fois par la simplicité et la complexité, deux concepts contradictoires, convient à notre illogique nature humaine. Cependant, de manière remarquable, le choc entre la simplicité et la complexité est intrinsèque aux mathématiques ; ce n'est pas une construction humaine. C'est peut-être la raison de la beauté des mathématiques : elles incarnent naturellement la simplicité et la complexité vers lesquelles nous tendons.

Il est temps maintenant d'être plus concret. Je commencerai par le rappel de deux faits anciennement connus et importants, liés tous deux au théorème de Pythagore. Le premier révèle une simplicité inattendue. Un triangle dont les côtés sont de longueur 3, 4, 5 possède un angle droit opposé au côté de longueur 5. Cette observation prémathématique souligne de manière frappante la simplicité cachée de la nature des choses. Le second réside dans le fait que la diagonale du carré de côté 1 est irrationnelle : $\sqrt{2} = 1,41421356...$ ne peut s'écrire comme le quotient de deux entiers. La démonstration de cette propriété montre que les choses sont plus compliquées qu'il n'y paraît et elle a forcé les mathématiciens grecs à accepter la nécessité logique des nombres irrationnels.

Un exemple général de la manière dont la simplicité et la complexité coexistent en mathématiques est donné par le fait qu'un énoncé mathématique court peut demander une très longue démonstration. En tant que résultat technique, c'est un théorème de Gödel que nous avons discuté au chapitre 12. De fait, les mathématiciens connaissent de nombreux théorèmes (comme le « dernier théorème de Fermat ») qui ont un énoncé court et une très longue démonstration.

Bien sûr, la mode joue un rôle dans notre appréciation de la beauté mathématique, comme elle joue un rôle dans nos jugements artistiques. Bourbaki a mis l'accent sur l'aspect structurel des mathématiques, qui constitue un élément de beauté pour de nombreux mathématiciens modernes. Cependant, les anciens Grecs avaient des idées différentes et elles incluaient une certaine aversion pour la démesure. Que penseraient-ils de démonstrations mathématiques qui couvrent des centaines ou des milliers de pages ? Il est clair que notre paysage intellectuel et notre sens de la beauté ont changé au cours des siècles. Platon, Léonard de Vinci, Newton avaient du monde des visions différentes, mais chacune de ces visions était unifiée et l'Homme y tenait une place centrale. La science actuelle tend également vers une vue unifiée de l'univers, mais dans cette vue, l'existence des hommes apparaît comme un accident insignifiant. En même temps, la vérité mathématique a acquis un rôle encore plus fondamental que la réalité physique. Alors que le statut de l'Homme et des Mathématiques a été radicalement revu, la relation entre les deux partenaires a remarquablement peu évolué depuis les Grecs. Comprendre cette relation (on pourrait dire la beauté de cette relation) a été l'objet de ce livre.

Maintenant que nous arrivons à la fin de notre périple, il me reste à ajouter un dernier mot : c'est en faisant de la recherche que l'on peut vraiment apprécier la beauté des mathématiques. Elle se montre enfin lorsque la simplicité sous-jacente d'une question apparaît et que toutes les complications inessentielles peuvent être oubliées. Alors une partie d'une structure logique colossale est illuminée, et un peu du sens caché de la nature des choses est finalement révélé [2].

Notes

1
La pensée scientifique

[1] D. Ruelle, « The obsessions of time », *Commun. Math. Phys.*, **85**, 3-5 (1982) ; « Is our mathematics natural ? The case of equilibrium statistical mechanics », *Bull. Amer. Math. Soc.*, **19**, 259-268 (1988) ; « Henri Poincaré's "Science et Méthode" », *Nature*, **291**, 760 (1998) ; « Conversations on mathematics with a visitor from outer space », p. 251-259 *in Mathematics : Frontiers and Perspectives*, V. Arnold, M. Atiyah, P. Lax et B. Mazur (éds.), Amer. Math. Soc. (for IMU), 2000 ; « Mathematical Platonism reconsidered », *Nieuw Archief voor Wiskunde*, **5/1**, p. 30-33 (2000).

[2] Isaac Newton (1643-1727) peut être décrit comme un savant ou un philosophe anglais qui est surtout connu comme mathématicien et physicien théoricien mais qui avait bien d'autres intérêts intellectuels. Sa meilleure biographie reste celle de R. S. Westfall, *Newton 1642-1727*, Paris, Flammarion, 1994.

[3] Depuis la publication du livre de Michael Drosnin *The Bible Code* (New York, Simon & Shuster, 1997), l'usage ésotérique des Saintes Écritures connaît un regain d'intérêt. L'idée de Drosnin (sans rapport avec les idées de Newton) est que certaines séquences de lettres également espacées de la Tora contiennent une information significative cachée. Cette notion semble avoir obtenu le soutien de quelques excellents mathématiciens, mais la réaction de la communauté scientifique en général a été largement négative. Voyez par exemple « The case against the codes », de Barry Simon (sur Internet).

2

*Les mathématiques :
de quoi s'agit-il ?*

[1] Le philosophe grec Pythagore vécut aux environs de 500 avant J.-C. et reste une figure énigmatique. On connaît peu ses mathématiques et son lien au théorème qui porte son nom.

[2] Les écrits du philosophe grec Platon (427 avant J.-C.-347 avant J.-C.) restent remarquablement faciles à lire (il existe de nombreuses éditions des œuvres de Platon, en particulier les *Œuvres complètes* dans la collection de « La Pléiade » chez Gallimard ou aux éditions des Belles Lettres). Bien sûr, lorsque vous lisez Platon, vous avez le droit de ne pas être d'accord avec lui : sa logique est parfois contestable suivant les normes actuelles, et ses idées politiques peuvent à l'occasion nous paraître proches du fascisme. Cependant, dans l'ensemble, on a l'impression plaisante de converser avec un homme agréable, ouvert et très intelligent.

[3] Euclide a vécu à Alexandrie (Égypte) aux environs de 300 avant J.-C. Les treize livres de ses *Éléments* constituent le plus important monument des mathématiques grecques qui soit parvenu jusqu'à nous.

[4] Le mathématicien allemand David Hilbert (1862-1943) fut une figure dominante des mathématiques. En 1899, il présenta sa version de la géométrie euclidienne dans le livre *Grundlage der Geometrie*. Entre autres choses, Hilbert est célèbre pour 23 problèmes (non résolus à l'époque) qu'il proposa à la communauté mathématique lors du Congrès international des mathématiciens à Paris en 1900. En 1930, il exprima son optimisme quant à la puissance des mathématiques dans la formule : *Wir müssen wissen, wir werden wissen* (« Nous devons savoir, nous saurons »). L'article de Gödel, en 1931 a montré toutefois que la connaissance a des limites.

[5] Kurt Gödel, mathématicien et logicien, né en Autriche, a obtenu des résultats étonnants sur la structure logique des mathématiques. Les *Théorèmes d'incomplétude* publiés en 1931 démontrent que, dans n'importe quel système mathématique axiomatique (s'il n'est pas trop simple), il existe des propositions qui ne sont ni démontrables ni réfutables. En particulier il est impossible de démontrer la consistance des axiomes.

[6] J.-P. Serre, *Cours d'arithmétique*, Paris, PUF, 1970. Jean-Pierre Serre (1926-) est un mathématicien français.

[7] S. Smale, « Differentiable dynamical systems », *Bull. AMS*, **73**, 747-817 (1967). Stephen Smale (1930-) est un mathématicien américain.

3
Le programme d'Erlangen

[1] Le mathématicien allemand Felix Klein (1849-1925) a apporté des contributions fondamentales à la géométrie.

[2] Nombres réels et nombres complexes. La distance (dans une unité arbitraire) entre les points O et X sur une droite est un nombre positif d (ou 0 si X coïncide avec O). Lorsque O est fixé, la position de X est déterminée si nous nous donnons d et un signe + ou – suivant que X se trouve à droite ou à gauche de O. Nous disons que $+d$ ou $-d$ est un nombre réel. Appelons x ce nombre : x peut être positif, négatif ou 0. Ainsi, un nombre réel x détermine exactement la position d'un point sur la droite (dès l'instant où O, l'unité de longueur et la droite et la gauche de O sont fixés).

$$\text{gauche} \xrightarrow{\qquad O \qquad\qquad X \qquad\qquad} \text{droite}$$

Un nombre complexe est une expression de la forme $x + iy$ où x et y sont des nombres réels, et i est un nouveau symbole. On suppose que i multiplié par lui-même (c'est-à-dire i au carré) vaut -1. Dire que $x + iy = 0$ signifie que x et y sont égaux à 0. Il est possible d'additionner, de soustraire et de multiplier des nombres complexes (pour la multiplication, utiliser $i^2 = -1$). Si $x + iy \neq 0$ la division par $x + iy$ est possible ; en fait

$$\frac{1}{x + iy} = \frac{x}{x^2 + y^2} - \frac{iy}{x^2 + y^2}.$$

Traçons à présent dans le plan deux droites perpendiculaires qui se coupent en O, et que nous appelons l'axe des x, Ox et l'axe des y, Oy

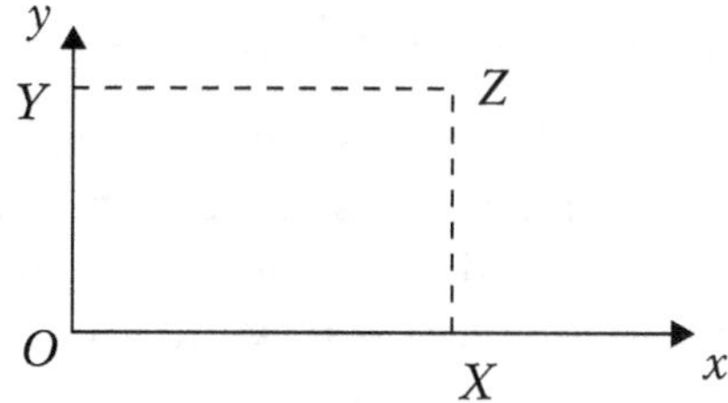

À partir d'un point Z, traçons les perpendiculaires ZX à Ox et ZY à Oy. Appelons x la distance de X à O affecté d'un signe + ou –, suivant que X se trouve à droite ou à gauche de O et appelons y la distance de Y à O affecté d'un signe + ou –, suivant que Y se trouve au-dessus ou au-dessous de O. De cette manière, nous établissons une correspondance entre le point Z dans le plan et le nombre complexe $z = x + iy$. En d'autres termes, nous pouvons penser les nombres complexes comme des points dans le plan (on parle alors de *plan complexe*).

4

Mathématiques et idéologies

[1] Nous avons vu dans la note [2] du chapitre 3 comment la position du point Z dans le plan peut être décrite par deux nombres réels x et y. De même, un point dans un espace à trois dimensions peut être décrit par trois nombres. L'usage systématique de cette idée est dû au mathématicien et philosophe français René Descartes (1596-1650). Elle a permis d'appliquer l'algèbre à la géométrie, un développement qui a été fondamental pour la géométrie et les mathématiques en général.

[2] A. Vershik, « Admission to the mathematics faculty in Russia in the 1970s and 1980s », A. Shen « Entrance examinations to the Mekh-mat » (*Mathematical Intelligencer*, **16**, n° **4**, p. 4-5 et 6-10 respectivement [1994]). Ces articles sont reproduits en même temps qu'une étude des problèmes de l'examen d'entrée par I. Vardi, et d'autres contributions, dans un volume intitulé *You failed your math test, Comrade Einstein*, édité par M. Shifman (Singapour, World Scientific, 2005).

[3] Comme le remarque ma femme, il y a sans doute moins de salauds et de tricheurs parmi les mathématiciens que dans la population générale, mais il y a aussi moins de gens amusants.

5

L'unité des mathématiques

[1] Un exemple est l'*hypothèse de Riemann*, une conjecture célèbre sur la distribution des grands nombres premiers formulée par le mathématicien allemand Bernhard Riemann (1826-1866). Par la diversité et la profondeur de son travail, Riemann a peut-être été le plus grand mathématicien de tous les temps, bien qu'il n'atteignît

jamais l'âge de quarante ans. Démontrer l'hypothèse de Riemann est le 8ᵉ des 23 problèmes proposés par Hilbert en 1900.

[2] Le mathématicien d'origine suisse Leonhard Euler (1707-1783) a démontré cette formule en 1734 ; il vivait alors à Saint-Pétersbourg, où il mourut.

[3] Le philosophe et mathématicien allemand Gottfried Wilhelm Leibniz (1646-1716) a développé une version du calcul infinitésimal. Il n'est pas clair combien ses résultats étaient indépendants de ceux de Newton, mais ses notations sont toujours en usage actuellement.

[4] Le mathématicien allemand Georg Cantor (1845-1918) a travaillé aux fondements de la théorie des ensembles.

[5] Le mathématicien et logicien anglais Alan Turing (1912-1954) a apporté également de profondes contributions conceptuelles dans d'autres domaines. Nous le rencontrerons à nouveau dans le chapitre 15.

[6] Le mathématicien français Alexandre Grothendieck (1928-) apparaîtra à nouveau dans les chapitres 6 et 7.

[7] Le mathématicien belge Pierre Deligne a travaillé en France et vit actuellement aux États-Unis.

[8] Le *Séminaire Bourbaki* a survécu et est toujours très actif : il y a trois réunions par an à Paris, où cinq conférences sont consacrées à la présentation soigneuse de problèmes d'actualité. Le texte des conférences, écrit à l'avance, est distribué aux auditeurs. Le Séminaire Bourbaki joue un rôle important dans la dissémination de (certaines) idées mathématiques nouvelles.

6
Un aperçu de géométrie algébrique
et d'arithmétique

[1] L'œuvre du mathématicien français Henri Poincaré (1854-1912) s'étend à de nombreux domaines, et ses livres de philosophie des sciences restent actuels et très lisibles.

[2] C'est un cas particulier du théorème de Bézout.

[3] Bien qu'il soit connu surtout pour son travail en théorie des nombres, le mathématicien français Pierre Fermat (1601-1665) était également juriste et conseiller au Parlement de Toulouse.

[4] La démonstration du dernier théorème de Fermat résulte de la contribution de nombreux mathématiciens, mais la dernière étape (et la plus difficile) a été accomplie par le mathématicien anglais Andrew Wiles (1953-) qui travaille actuellement aux États-Unis.

7

*Un voyage à Nancy
avec Alexandre Grothendieck*

[1] Paul Montel (1876-1975) appartient à une tradition française qui allie d'excellentes mathématiques et une longévité exceptionnelle. Jacques Hadamard (1865-1963) et Henri Cartan (1904-) participent à cette même tradition.

[2] Motchane apparaît dans *La Bataille du silence* de Vercors (Paris, Minuit, 1992). Ce livre remarquable nous parle d'hommes et de femmes qui défièrent les autorités françaises et leurs maîtres allemands pendant la Seconde Guerre mondiale, en publiant illégalement des livres, à une époque où cette activité mettait leur vie en danger.

[3] Le physicien théoricien américain J. Robert Oppenheimer (1904-1967) a joué un rôle essentiel dans le développement de la bombe atomique.

[4] Le mathématicien français René Thom (1923-2002) était un esprit indépendant : il n'était pas membre de Bourbaki et a consacré un temps considérable à sa *théorie des catastrophes* et à des questions de philosophie, mais il restera sans doute surtout connu pour ses importantes contributions à la géométrie.

[5] Un certain nombre d'informations sur Grothendieck sont contenues dans deux articles de P. Cartier, l'un en français (« Grothendieck et les motifs », IHES preprint, 2000), l'autre en anglais (« A mad day's work », *Bull. AMS*, **38**, 389-408 [2001]). Cartier a fait un effort que j'admire pour sauver Grothendieck d'un enterrement prématuré. Toutefois, je reste sceptique sur ses interprétations « psychanalytiques » de Grothendieck. Une autre source intéressante est A. Herreman (« Découvrir et transmettre », IHES preprint, 2000) qui discute le « coup de poing en pleine gueule », voir plus loin. Il existe également un excellent article de Allyn Jackson : « *Comme appelé du néant* – as if summoned from the void : the life of Alexandre Grothendieck », *Notices of the Amer. Math. Soc.*, **51**, I : 1038-1056, II : 1196-1212 (2004)]. J'ai utilisé mes propres souvenirs,

confortés par mes archives personnelles, pour la période concernée. Pour une discussion mathématique de l'œuvre de Grothendieck, voir J. Dieudonné (« De l'analyse fonctionnelle aux fondements de la géométrie algébrique », p. 1-14 dans le *Grothendieck Festschrift*, vol. 1, éd. P. Cartier *et al.*, Boston, Birkhäuser, 1990). Je voudrais citer les dernières lignes de Dieudonné sur le travail de Grothendieck en géométrie algébrique : « Il est hors de question de résumer ici ces six mille pages. Il y a peu d'exemples en mathématiques d'une théorie aussi monumentale et fertile, construite en aussi peu de temps et due essentiellement à un seul homme. »

[6] Le mathématicien français Jean Dieudonné (1906-1992) était l'une des figures principales de Bourbaki. Il fut l'un des premiers membres de l'IHES.

[7] Ou, en tout cas, très différente. Je vais essayer de justifier cette affirmation. De nombreux hommes de science éminents nous laissent une histoire de leur vie. Ces autobiographies contiennent typiquement des informations personnelles et historiques intéressantes, des anecdotes amusantes et suggèrent que l'auteur a d'autres intérêts dans la vie que la science (comme la musique, le sexe, l'administration, etc.). L'histoire culmine dans la rencontre entre le grand homme de science et un autre grand homme : président, roi ou peut-être le pape. Si vous lisez *Récoltes et Semailles* de Grothendieck, vous n'aimerez peut-être pas, mais vous comprendrez que vous vous trouvez en présence d'une personnalité de nature très différente.

[8] Le physicien théoricien français Louis Michel (1932-1999) fut l'un des premiers membres de l'IHES.

[9] La violence de cette phrase a heurté plus d'un des collègues et amis de Grothendieck.

[10] L'œuvre de A. Grothendieck, *Récoltes et Semailles,* est disponible sur Internet sous diverses formes et en diverses traductions, ainsi d'ailleurs que du matériel complémentaire. Une publication de *Récoltes et Semailles* en français est envisagée. Ce qui existe change avec le temps et le lecteur est invité à vérifier par lui-même.

[11] Le prix Crafoord, à partager avec Pierre Deligne. Le prix Crafoord est attribué par l'Académie suédoise des sciences à des travaux dans diverses disciplines non nobélisables.

[12] Voir note [5].

[13] Pierre-Gilles de Gennes (1932-2007) est un physicien théoricien français.

8
Structures

[1] Nous venons d'introduire deux concepts de la théorie des ensembles : les *sous-ensembles* et les *applications* (ou *fonctions*). Voici deux autres définitions. L'*intersection* de deux ensembles S et T est l'ensemble noté $S \cap T$, elle est constituée des éléments qui appartiennent à la fois à S et T. L'*union* de S et T est l'ensemble noté $S \cup T$, il est constitué de tous les éléments qui appartiennent à S, T ou les deux. Par conséquent : $\{a,\ b\} \cap \{a,\ c\} = \{a\}$, $\{a,\ b\} \cap \{c\} = \emptyset$ (l'ensemble vide), et $\{a,\ b\} \cup \{a,\ c\} = \{a,\ b,\ c\}$. Il est également possible de définir l'intersection et l'union de plus de deux ensembles (de familles générales d'ensembles, éventuellement infinies).

[2] Le mathématicien américain Samuel Eilenberg, né en Pologne (1913-1998), et l'Américain Saunders MacLane (1909-2005) collaborèrent dans les années 1940 et 1950.

[3] Le mathématicien Paul Erdös, né en Hongrie (1913-1996), par son attachement prolongé à sa mère, son addiction aux amphétamines et d'autres traits de caractère inhabituels, peut sembler une personnalité extrême. Il est remarquable que l'environnement fourni par la communauté mathématique ait permis à une telle personnalité de s'épanouir.

[4] M. Aigner et G. M. Ziegler, *Proofs from the Book*, Berlin, Springer, 1991 (3e éd. en 2004). Incidemment, si vous regardez le Théorème 1 du chapitre 8 : « pour toute configuration de n points dans le plan, si ces points ne sont pas tous alignés, il existe au moins une droite qui passe exactement par deux des points », vous serez tenté d'utiliser les méthodes de la géométrie projective pour obtenir une démonstration. Vous trouverez à l'endroit indiqué une explication de la raison pour laquelle ces méthodes ne s'appliquent pas ici.

[5] Voir chapitre 2, note [2].

[6] Pour éviter tout malentendu, je tiens à insister sur le fait que je ne partage pas une vue littéraire de la science qui est populaire dans certains milieux (à savoir qu'un texte scientifique, comme n'importe quelle autre œuvre littéraire, n'est qu'une réflexion des conditions socio-économiques dans lesquelles elle est produite, et doit s'étudier dans ce cadre). Je crois que l'approche littéraire méconnaît le contenu scientifique des textes scientifiques, et que la critique littéraire est une manière limitée d'explorer la relation de l'esprit humain à la science qu'il produit.

9
L'ordinateur et le cerveau

[1] L'homme de science américain John (à l'origine Johann) von Neumann (1903-1957), né en Hongrie, pourrait avoir servi de modèle à Stanley Kubrick pour son Dr Strangelove (Dr Folamour). Le physicien américain Edward Teller (1908-2003), né en Hongrie, a également été proposé.

[2] J. von Neuman, *The Computer and the Brain*, New Haven, Yale University Press, 1958.

[3] L'homme de science grec Archimède de Syracuse (287 avant J.-C.-212 avant J.-C.) est connu comme ingénieur et comme physicien, mais surtout pour sa contribution aux mathématiques. Ses calculs de surfaces et de volumes anticipent le calcul infinitésimal de Newton et de Leibniz ; il est considéré comme l'un des plus grands mathématiciens de tous les temps.

[4] Il est une idée communément répandue suivant laquelle la pensée est équivalente à la parole. Platon par exemple écrit, dans *Le Sophiste* (GF n° 687, Flammarion, p. 197) : « Pensée et discours sont, en réalité, la même chose, mais n'avons-nous pas réservé le nom de "pensée" à ce dialogue intérieur que l'âme entretient, en silence, avec elle-même ? » La pratique de la pensée mathématique montre toutefois l'importance des éléments non verbaux, en particulier visuels.

[5] Les ordinateurs peuvent commettre des erreurs au hasard, appelées glitches. L'élimination de telles erreurs (par répétition, vérifications) a été étudiée. Dans la technologie actuelle, le niveau d'erreur est si bas qu'on peut ne pas s'en préoccuper dans la présente discussion.

[6] Voir la référence à « Conversations with a visitor from outer space » dans la note [1] du chapitre 1.

10
Textes mathématiques

[1] Une analyse détaillée est faite par Reviel Netz (*The Shaping of Deduction in Greek Mathematics : A Study in Cognitive History*, Cambridge, Cambridge University Press, 2003).

[2] Vous aurez peut-être envie d'exercer votre perspicacité sur le problème suivant : prenez trois axes mutuellement orthogonaux

Ox, Oy, Oz dans l'espace à trois dimensions. Considérez le cylindre circulaire solide C_x d'axe Ox et de rayon R et faites de même pour C_y et C_z. Ces trois cylindres (de rayons égaux) se coupent en un solide S dont les faces sont courbes. Question : à quoi ressemble S ? (Combien de faces a-t-il, quelle est leur forme, comment sont-elles assemblées ?) En combinant l'intuition visuelle et le raisonnement vous pouvez arriver à la solution correcte, mais ce n'est pas facile. Un croquis rend les choses beaucoup plus aisées (dessinez l'intersection de deux cylindres à la fois).

[3] Les langues différentes ont des possibilités poétiques différentes, parce que le rythme, la grammaire, le vocabulaire, les similarités entre les mots et les regroupements de sens diffèrent. Par exemple, l'allemand est fortement accentué, ce qui est utilisé avec force dans les vers de Goethe :

Wer reitet so spät durch Nacht und Wind ?

Es ist der Vater mit seinem Kind.

L'accent, faible en français, peut être utilisé avec une grande subtilité, comme dans les vers d'Apollinaire :

Le colchique couleur de cerne et de lilas

Y fleurit tes yeux sont comme cette fleur-là.

Les différents facteurs de forme, de sens et d'associations de mots conspirent quelquefois pour produire cette chose miraculeuse qu'est un grand poème. Les tentatives de traduction en vers que j'ai vues ne m'ont pas convaincu : c'est espérer trop qu'attendre le même miracle dans deux langues différentes. J'apprécie cependant beaucoup l'aide apportée par une honnête traduction en prose de poèmes (comme ceux de saint Jean de la Croix en espagnol) dont le sens m'échapperait parce que ma connaissance de leur langue originale est trop limitée ou inexistante.

[4] La plupart des mathématiciens tapent maintenant leurs propres manuscrits sur un ordinateur, en utilisant un logiciel approprié comme TeX. Une formule en TeX est assez proche d'une phrase en anglais, en fait (*) est entré comme

$$\$\$\ \{U - A \setminus over\ M - A\} : \{\ U - B \setminus over\ M - B\} =$$
$$\{M - A \setminus over\ V - A\} : \{\ M - B \setminus over\ V - B\}\ \$\$$$

Incidemment, TeX a été une invention très utile pour les mathématiciens aveugles, qui peuvent lire la formule précédente (un arrangement linéaire d'un nombre limité de symboles) plus facilement que la formule originale (*).

11
Honneurs et récompenses

[1] Giordano Bruno (1548-1600) était un philosophe italien et un hérétique. C'est à lui et à tous ceux, innombrables, qui ont souffert et qui souffrent pour avoir parlé quand les autorités leur imposaient le silence, que nous devons la liberté d'expression dont nous jouissons aujourd'hui.

[2] Les performances de certains athlètes fournissent un spectacle remarquable et le public les récompense très généreusement pour leurs exploits. Cela n'a rien de gênant. Ce qui l'est, c'est que la domination de l'argent encourage le dopage, la tricherie et va à l'encontre de la justification des sports en tant qu'activités de santé. Il n'est pas choquant non plus que l'on récompense des résultats scientifiques hors du commun. En fait, j'approuve de telles récompenses. Cependant, donner à l'argent une place excessive comporte des dangers et il convient d'être prudent. La tricherie (la présentation de résultats fictifs, entre autres choses) est devenue un problème en médecine, biologie et physique. Il y a lieu de penser que les effets corrupteurs de l'argent n'épargneront pas éternellement les mathématiques.

12
L'infini, écran de fumée des Dieux

[1] Le mathématicien et physicien théoricien allemand Ernst Zermelo (1871-1953) a apporté des contributions fondamentales à la théorie des ensembles.

[2] Le mathématicien Adolf Fraenkel (1891-1965) est né en Allemagne, mais s'est établi à Jérusalem en 1929.

[3] L'*Encyclopedic Dictionary of Mathematics* (Cambridge, Mass., MIT Press, 1987, 2e éd., 4 vol.) est une traduction du japonais (K. Itô [éd.], Mathematical Society of Japan, 1985). Il est remarquable de voir combien de mathématiques importantes du XXe siècle ont trouvé leur place dans cet ouvrage.

[4] Comme exemple d'un paradoxe rencontré dans la théorie *naïve* des ensembles, je voudrais mentionner le paradoxe de Russel qui peut s'exprimer ainsi : disons que x est un ensemble de première classe s'il ne se contient pas lui-même comme élément ($\neg\, x \in x$), et de seconde classe s'il se contient lui-même comme élément ($x \in x$).

Un ensemble doit être soit de première, soit de seconde classe, et ne peut être les deux à la fois. Appelons X l'ensemble des ensembles de première classe. Si X est de première classe, X n'appartient pas à X, c'est-à-dire n'appartient pas à l'ensemble des ensembles de première classe : contradiction parce que X est de première classe. Si X est de seconde classe, X appartient à X c'est-à-dire appartient à l'ensemble des ensembles de première classe : contradiction parce que X est de seconde classe. Ce paradoxe montre qu'introduire la notion d'« ensemble de tous les ensembles » crée de graves problèmes et n'est pas autorisé dans une théorie axiomatique sérieuse des ensembles. Le logicien et philosophe anglais Bertrand Russel (1872-1970) est également connu pour ses positions politiques pacifistes.

[5] Cela a été démontré dans l'hypothèse où l'ensemble d'axiomes de départ est suffisamment riche pour développer la théorie des nombres entiers naturels.

[6] Simultanément, Gödel a démontré le résultat suivant : en partant d'un ensemble d'axiomes suffisamment riche pour développer la théorie des entiers naturels, il est impossible de prouver la consistance du système d'axiomes en utilisant des arguments formalisables dans la théorie développée à partir de ces axiomes. Il existe des démonstrations de consistance pour certaines théories mathématiques, mais ces démonstrations utilisent des théories plus puissantes.

[7] Le logicien américain Alonzo Church (1903-1995) a proposé en 1936 une définition précise de *fonctions effectivement calculables*. Cette proposition est connue sous le nom de *thèse de Church* et l'une de ses versions (*la thèse de Church-Turing*) est qu'une fonction effectivement calculable est une fonction qui peut être calculée par une machine de Turing, c'est-à-dire par un ordinateur simple (un automate fini) avec une mémoire infinie comme l'a décrit Turing. On peut demander que, après chaque entrée de données, la machine donne une réponse en un temps fini (ce qui correspond à calculer une *fonction récursive générale*), ou autoriser la machine à ne pas toujours donner une réponse (ceci correspond à calculer une *fonction récursive partielle*). La plupart des mathématiciens souhaitent pouvoir travailler avec des fonctions plus générales que celles qui sont effectivement calculables.

[8] Pour être précis : la longueur maximum de la démonstration d'une proposition de longueur L n'est pas une fonction récursive générale de L. Cet énoncé n'est pas sensible à la définition précise de la longueur de la proposition. Pour plus de détails, voir par

exemple, *A course in mathematical logic,* par Yu. I. Manin, New York, Springer, 1977, Section VII. 8.

13
Fondements

[1] Je vais décrire un groupe en jargon mathématique : ni le langage formel des logiciens ni le langage infantile des auteurs de science populaire.

Soit G un ensemble non vide et, lorsque a, b ∈ G, on suppose qu'est défini un élément c ∈ G appelé le produit de a et de b et l'on écrit c = ab. On appelle G équipé de ce produit un groupe (ou l'on dit que le produit définit une structure de groupe sur l'ensemble G) si les propriétés suivantes (appelées axiomes de groupe) sont vérifiées :

(i) associativité : a(bc) = ab(c)

(ii) existence d'un élément unité : il existe e ∈ G tel que, pour tout a ∈ G, ea = ae = a

(iii) existence d'un inverse : pour tout a ∈ G il existe x ∈ G tel que ax = xa = e

Remarquez que l'élément *e* est unique. Si *ab* = *ba* le groupe est dit *commutatif*. Si *G, G'* sont des groupes avec éléments unité *e, e'* et *f* est une fonction de *G* vers *G'* telle que : *f(ab)* = *f(a) f(b)*, alors *f* est appelé un *morphisme G → G'* et le sous-ensemble *H* des éléments *x G* tels que : *f(x)* = *e'* est appelé un *sous-groupe normal h* de *G*. Si les seuls sous-groupes normaux *H* de *G* sont {*e*} et *G*, alors *G* est appelé un *groupe simple*.

Ma raison pour entrer dans ces détails techniques est que je puis maintenant affirmer que la structure de groupe est importante. Plus précisément, si vous pouvez trouver une structure de groupe dans le problème que vous étudiez, cela vous aidera. Vous devrez automatiquement essayer de voir si le groupe est ou non commutatif et quels sont ses sous-groupes normaux. Par exemple, les transformations associées aux différentes géométries du chapitre 3 forment des *groupes* de transformations (euclidiennes, affines ou projectives). Les groupes apparaissent de manière utile dans la pratique des mathématiques : c'est la raison pour laquelle ce sont des objets naturels, et non parce que la définition de la structure de groupe est relativement simple.

[2] Nous avons introduit prudemment les nombres complexes dans le chapitre 3 (voir note [2]), et nous les avons représentés

comme des points dans le plan (le plan complexe). Nous appelons C le plan complexe et nous nous souvenons du fait que **C** est un corps (chapitre 6 : les nombres complexes peuvent s'additionner, se multiplier, se diviser). Les fonctions *analytiques* (ou *holomorphes*) d'une variable complexe sont des fonctions f définies sur un sous-ensemble D de **C**, avec des valeurs dans **C** et telles que, pour z dans D et $|z - z_0|$ suffisamment petit, $f(z)$ peut s'exprimer comme une somme infinie

$$f(z) = \sum_{n=0}^{\infty} a_n (z - z_0)^n$$

où les a_n sont des nombres complexes. Les fonctions analytiques ont des propriétés remarquables. En particulier, si f est analytique dans D, il existe généralement des sous-ensembles $\tilde{D}$ de **C** tels que f se prolonge (de manière unique) en une fonction $\tilde{f}$ analytique dans $\tilde{D}$ (cette extension est appelée prolongement analytique).

[3] Riemann s'est rendu compte du fait que la distribution des nombres premiers était associée aux propriétés d'une fonction que nous connaissons aujourd'hui sous le nom de « fonction zêta de Riemann ». En suivant l'idée de Riemann, Hadamard et de la Vallée-Poussin ont démontré un résultat connu sous le nom de *théorème des nombres premiers*. Celui-ci affirme que le nombre de nombres premiers $\leq n$ tend vers l'infini comme $n / \ln n$, où $\ln n$ est le logarithme de n. L'hypothèse de Riemann est une propriété supposée de la fonction zêta qui permettrait de remplacer le théorème des nombres premiers par un résultat plus précis.

Jacques Hadamard (1865-1963) était un mathématicien français et Charles de la Vallée-Poussin (1866-1962) un mathématicien belge.

[4] Il existe d'autres systèmes axiomatiques importants à part ceux de la théorie des ensembles ; en particulier, l'arithmétique de Peano (PA), qui axiomatise la théorie des nombres entiers. Mais PA est beaucoup plus faible que ZFC. Ainsi, alors que PA est intéressant pour les logiciens, il n'est guère utilisé par les mathématiciens « normaux ».

[5] L'axiome du choix (**C**) affirme que :

Si un ensemble X contient des sous-ensembles A_λ indexés par $\lambda \in \Lambda$, et qu'aucun A_λ n'est l'ensemble vide, alors nous pouvons choisir x_λ dans A_λ pour chaque $\lambda \in \Lambda$ (c'est-à-dire qu'il existe une fonction $f : \Lambda \rightarrow X$ telle que $f(\lambda) \in A_\lambda$ pour chaque $\lambda \in \Lambda$). Dès l'instant où vous aurez compris la signification de cet énoncé, vous trouverez sans doute (**C**) intuitivement acceptable ; remarquez cependant que $x_\lambda = f(\lambda)$ n'est en aucune manière construit explicitement.

[6] Stefan Banach (1892-1945) était un mathématicien polonais et Alfred Tarski (1902-1983) un logicien né en Pologne. Le « paradoxe » de Banach-Tarski est le fait suivant qu'on peut démontrer en utilisant l'axiome du choix :

Il est possible de découper une sphère solide (dans l'espace à trois dimensions) en un nombre fini de fragments et, en déplaçant ces fragments (par des rotations et des translations à trois dimensions) de les réassembler en deux sphères solides de la même taille que la sphère initiale.

On peut prendre 5 fragments. Ceci peut paraître absurde parce que les volumes des fragments s'additionnent en volume d'une sphère au départ et en deux fois ce volume à la fin. Il n'y a en fait, pas de vrai paradoxe, parce qu'on ne peut pas parler du volume des fragments qui sont déplacés : ces fragments sont *non mesurables*. Lorsqu'on utilise l'axiome du choix pour produire des ensembles, ces ensembles sont généralement non mesurables. La non-mesurabilité est une nuisance, mais le consensus actuel des mathématiciens est de garder l'axiome du choix, même au prix d'une vigilance accrue en ce qui concerne la mesurabilité des ensembles manipulés.

[7] Non seulement (**C**) est compatible avec ZF, mais il est indépendant de ZF comme l'a montré P. Cohen : si ZF est consistant, il existe un système consistant d'axiomes comprenant ZF, mais dans lequel l'axiome du choix n'est pas vérifié.

Le mathématicien américain Paul Cohen (1934-2007) est surtout connu pour son travail sur les fondements axiomatiques de la théorie des ensembles à l'aide d'une technique appelée *forcing*.

[8] Un exemple est fourni par la théorie des espaces de Banach, où un résultat important, le théorème de Hahn-Banach, nécessite pour sa démonstration l'emploi de l'axiome du choix. L'usage de Hahn-Banach conduit à une meilleure théorie générale des espaces de Banach et, dans la mesure où les espaces de Banach sont fort utiles dans les applications, une attitude puritaine interdisant l'usage de l'axiome du choix ne serait pas bienvenue ici.

[9] Les groupes finis simples sont des groupes simples (voir note [1]) qui sont des ensembles finis. Ces objets algébriques peuvent être classés c'est-à-dire catalogués : le catalogue est infini mais tout à fait explicite. Alors que les experts considèrent que le travail

de classification est terminé, la publication des démonstrations qui justifient cette classification se poursuit et est remarquable par sa longueur : des milliers de pages de mathématiques techniques et difficiles. Voir par exemple R. Solomon, « On finite groups and their classifications », *Notices of the AMS*, **42**, 231-239 (1995) ; M. Aschbacher, « The status of the classification of the finite simple groups », *Notices of the AMS*, **51**, 736-740 (2004).

[10] Nous avons déjà, à plusieurs reprises, rencontré des polynômes, en particulier dans le chapitre 6. Considérons un nombre fini de *variables* $z_1,..., z_v$: un *monôme* dans ces variables est un produit

$$c\, z_1^{n_1}\, ...z_v^{n_v}$$

où c est un *coefficient* et $n_1,...n_v$ sont des entiers naturels. Ainsi, un monôme est obtenu en élevant les variables $z_1,...z_v$ à des puissances $n_1...n_v$, en multipliant les $z_i^{\,n}$, et en multipliant le produit par le coefficient c. Un polynôme $p\,(z_1,..., z_v)$ est une somme finie de monômes définis comme ci-dessus. Par exemple :

$$p(x, y) = c + c'x + c''y$$

est un polynôme à deux variables x, y (avec des coefficients c, c', c''), et :

$$p\,(x, y, z) = x^n + y^n - z^n$$

est un polynôme à trois variables. En géométrie algébrique classique, les coefficients ainsi que les variables sont des nombres complexes.

Considérons maintenant un polynôme $P(x_1,..., x_\mu, y_1,..., y_v)$ en les $\mu + v$ variables $x_1,...,x_\mu$, $y_1,...,y_v$, où les coefficients sont des entiers (positifs, négatifs ou zéro). Nous associerons à ce polynôme P un ensemble S de points $<a_1,..., a_\mu>$ où $a_1,..., a_\mu$ sont des entiers naturels c'est-à-dire des éléments de $N = \{0, 1, 2, 3,...\}$. En d'autres termes, les points de S seront des suites $(a_1,..., a_\mu) \in \mathbf{N}^\mu$. L'ensemble S est défini comme consistant en les $(a_1,..., a_\mu)$ pour lesquels il existe des entiers $b_1,...,b_v$ tels que :

$$P\,(a_1,..., a_\mu, b_1,..., b_v) = 0$$

Chaque fois qu'il existe un polynôme $P\,(x_1,...,x_\mu, y_1,..., y_v)$, tel que le sous-ensemble S de $\mathbf{N}^\mu$ peut être défini de la manière que nous venons d'indiquer, nous disons que S est un ensemble *diophantien*.

Théorème : *Un sous-ensemble S de $\mathbf{N}^\mu$ est diophantien si et seulement s'il est récursivement énumérable.*

Cela résulte du travail de nombreux logiciens mathématiciens ; la démonstration fut menée à terme en 1970 par Youri Matijasevič.

Nous avons vu dans le chapitre 12 qu'un ensemble S est récursivement énumérable s'il existe un algorithme qui produit systématiquement tous ses éléments. Toutefois, il peut ne pas être possible de produire systématiquement tous les éléments qui ne sont pas dans S. Dans ce cas, nous contrôlons mal S, et il nous est impossible de savoir si S est vide ou non. Par conséquent, le théorème que nous venons d'énoncer donne une solution négative au dixième problème de Hilbert qui demandait un algorithme permettant de dire, pour tout polynôme $P(x_1, ..., x_\mu)$ à coefficients entiers, s'il existe des entiers $a_1, ..., a_\mu$ tels que $P(a_1, ..., a_\mu) = 0$. En fait, un tel algorithme ne peut pas exister. Cependant, le fait que le dixième problème de Hilbert est insoluble a aussi des conséquences positives. Par exemple, en se basant sur le théorème précédent, on peut montrer que l'ensemble des nombres premiers (qui est un sous-ensemble de $\mathbf{N}$) est diophantien.

Voir M. Davis, « Hilbert's tenth problem is unsolvable », *Amer. Math. Monthly*, **80**, 233-269 (1973) ; M. Davis, Yu. Matijasevič and J. Robinson « Hilbert's tenth problem. Diophantine equations : positive aspects of a negative solution », *Proc. Symposia in Pure Math.*, **28**, 323-378 (1976).

Le mathématicien grec Diophante d'Alexandrie a probablement vécu au IIIe siècle après J.-C. et a laissé une collection de problèmes connus sous le nom d'*Arithmetica* (algèbre et théorie des nombres).

[11] Soit D la région du plan complexe $\mathbf{C}$ constituée des nombres complexes $z = x + iy$ (x et y sont réels) tels que $x > 1$. La fonction zêta de Riemann est définie sur D par la somme infinie :

$$\zeta(z) = \sum_{n=1}^{\infty} \frac{1}{n^z}$$

On peut montrer que ζ est une fonction analytique dans D, et qu'elle a un prolongement analytique unique (également appelé ζ) dans le plan complexe $\mathbf{C}$, moins le point 1. Considérons le sous-ensemble R de $\mathbf{C}$ constitué des nombres complexes $z = x + iy$ tels que $\frac{1}{2} < x < 1$. L'une des formulations de l'hypothèse de Riemann est que ζ ne s'annule pas dans la région « interdite » R (*c'est-à-dire* $\zeta(z) \neq 0$ si $z \in R$). On peut montrer que $\zeta(z)$ s'annule pour $z = -2$, $-4, -6, ...$ et également en une infinité de points $z = \frac{1}{2} + iy$; la formulation habituelle de l'hypothèse de Riemann est qu'il n'existe pas d'autres zéros.

[12] S. Shelah, « Logical dreams », *Bull. AMS (N. S.)*, **40**, 203-228 (2003).

14
Structures et création de concepts

[1] Voir chapitre 13, note [1].

[2] Voir chapitre 2, note [4].

[3] Voir chapitre 12, en particulier note [8].

[4] Voir chapitre 13, note [2].

[5] Cet énoncé est le *principe du module maximum* pour les fonctions analytiques. Je vais en donner un énoncé plus précis sans parler de frontière. Si $f(z)$ est analytique dans le domaine $D = \{z : |z - z_0| < R\}$ (disque de rayon R centré en z_0), et, s'il existe $a \in D$ avec $f(a) \neq f(z_0)$, alors il existe $b \in D$ avec $|f(b)| > |f(z_0)|$, c'est-à-dire que le module de $f(z)$ ne peut pas être maximum au centre du disque dans lequel $f(z)$ est analytique.

[6] Le concept d'ensemble compact appartient à la *topologie* et il ne m'est guère possible de vous donner une idée de la topologie dans cette note si vous n'avez jamais étudié le sujet auparavant. Il est cependant facile d'énoncer les définitions de base afin de montrer combien elles sont d'une ridicule simplicité. (Nous utiliserons les concepts de sous-ensemble, application, intersection pour lesquels vous pouvez vous référer au chapitre 8, note [1] ; les mots *famille*, et *sous-famille* [d'ensembles] peuvent se comprendre ici comme ensemble d'ensembles et sous-ensemble d'ensembles.)

Une topologie sur un ensemble X est une famille de sous-ensembles de X, appelés ensembles ouverts, tels que les axiomes suivants sont satisfaits :

(1) X et l'ensemble vide Ø sont des ensembles ouverts ;

(2) l'intersection de deux ensembles ouverts est un ensemble ouvert ;

(3) l'union de n'importe quelle famille d'ensembles ouverts est un ensemble ouvert.

Supposons que nous ayons une topologie sur les deux ensembles X et Y ; soit f une application de X dans Y. Pour un ensemble V de Y, nous appelons $f^{-1}V$ l'ensemble des points $x \in X$ tels *que f x* $\in V$. Avec cette notation, l'application est dite *continue* si, toutes les fois où V est ouvert dans Y, $f^{-1}V$ est ouvert dans X.

Nous disons que les sous-ensembles O_i de X (qui peuvent former une famille infinie) forment un recouvrement de X, si l'union de tous les O_i est X. Un espace X avec une topologie est dit *compact* si, pour tout recouvrement de X par des sous-ensembles ouverts O_i, il existe une sous-famille finie d'ensembles O_i qui forment déjà un recouvrement de X.

Supposons que X et Y ont une topologie, que f est une application continue de X sur Y telle que $fX = Y$ (pour tout point $y \in X$ il existe $x \in X$ tel que $fx = y$). Alors, si X est compact, Y est également compact.

Ayant lu cette brève description de la topologie, vous pourriez vous dire : « Moi aussi, je suis un mathématicien », et vous mettre à écrire vos propres axiomes, définitions et théorèmes. Ce qui n'est pas certain, c'est qu'ils aient autant d'intérêt pour les mathématiques que l'ébauche conceptuelle de la topologie que je viens de présenter.

[7] Voir note [6] ci-dessus.

[8] La théorie abstraite de la mesure commence par donner une mesure (ou « masse ») $m(X)$ à certains sous-ensembles d'un espace M. La théorie des mesures de Radon suppose que M est un espace topologique compact, et commence par définir une intégrale (« une valeur moyenne ») $m(A)$ pour les fonctions continues A sur M. La théorie abstraite de la mesure est plus générale. La théorie des mesures de Radon est plus spécifique et possède dès lors plus de théorèmes : c'est une théorie plus *riche*.

[9] Voir M. R. Garey et D. S. Johnson, *Computers and Intractability*, New York, Freeman, 1979.

[10] C'est ce que j'ai fait dans mon article « Conversations on mathematics with a visitor from outer space », voir note [1] du chapitre 1.

[11] Il convient en fait de corriger cette affirmation. Le travail lent et aveugle de l'évolution a engendré des mécanismes (dans le système immunitaire et, bien sûr, dans le système nerveux) qui produisent des réponses assez intelligentes et rapides.

[12] C'est en fait le titre de la « première partie » du traité, mais Bourbaki n'est pas allé beaucoup plus loin.

[13] Il s'agit ici de J.-P. Serre citant Grothendieck dans une lettre du 8 février 1986. La lettre est une réponse à Grothendieck après que celui-ci a envoyé *Récoltes et Semailles* à Serre. Dans cette lettre très intéressante, Serre reconnaît la puissance de l'approche de Grothendieck, mais exprime l'opinion que cette approche n'est pas

appropriée à certains domaines des mathématiques. Voir *Correspondance Grothendieck-Serre*, P. Colmez et J.-P. Serre (éds.), Paris, Société mathématique de France, 2001.

15
La pomme de Turing

[1] Le nombre π est non seulement irrationnel, il est en fait *transcendant*, c'est-à-dire qu'il ne peut pas satisfaire à l'équation :

$$a_n \pi^n + a_{n-1} \pi^{n-1} + \ldots + a_1 \pi + a_0 = 0$$

si $a_0, a_1, \ldots, a_{n-1}, a_n$ sont des entiers (positifs, négatifs ou nuls). Ce résultat a été démontré en 1882 par le mathématicien allemand Ferdinand von Lindemann (1852-1939).

[2] Le mathématicien danois Harald Bohr (1887-1951) est connu pour sa théorie des fonctions *quasi périodiques*. C'était également le frère du physicien Niels Bohr (1885-1962) et il a été en 1908 membre de l'équipe olympique danoise de football.

[3] Ioan James, « Autism in mathematicians », *The Math. Intelligencer*, **25**, 62-65 (2003).

[4] Constance Reid, *Hilbert*, Berlin, Springer, 1970.

[5] Le mathématicien américain Richard Courant né en Allemagne (1888-1972) a été élève et ensuite collaborateur de Hilbert.

[6] Andrew Hodges, *Alan Turing : The Enigma*, New York, Simon & Schuster, 1983.

[7] « Les machines sont-elles capables de penser ? » Pour le tester, Turing proposa qu'un interrogateur pose une question à une personne et à un ordinateur enfermés dans des pièces différentes. La personne et la machine donneraient des réponses qui pourraient être des mensonges (la machine prétendant être une personne). L'interrogateur arriverait-il à distinguer la personne de l'ordinateur ? C'est le *test de Turing* : un jeu d'imitation, où une machine doit se faire passer pour une personne. S'il n'est pas possible de distinguer la personne de la machine, il est difficile de dire que la machine n'est pas capable de penser. De manière intéressante, en présentant son jeu d'imitation, Turing utilisa un homme et une femme au lieu d'une personne et d'une machine.

[8] Il était sans doute plus courant dans les années 1950 que maintenant de s'amuser à la maison avec des produits chimiques dangereux. À l'époque où Turing faisait ses expériences avec du cyanure, j'étais un adolescent et j'avais un petit laboratoire dans la cave

où je faisais des expériences avec de l'arsenic (As₂O₃), du phosphore et d'autres substances empoisonnées, inflammables, explosives, corrosives ou d'odeur nauséabonde.

[9] Frank Olver est à présent professeur émérite au département de mathématiques de l'Université du Maryland. Je lui suis reconnaissant de m'avoir parlé de l'époque où il a connu Turing au National Physical Laboratory en Angleterre à la fin des années 1940.

[10] Quelques-uns des mathématiciens que j'ai connus étaient ouvertement homosexuels, mais je ne dirais pas que l'homosexualité est commune dans la profession. Et, si vous tenez à le savoir, je ne suis pas homosexuel et je n'ai pas eu de dépression nerveuse. En ce qui concerne la calvitie, je dois admettre que j'ai le front dégarni. En fait, pour être tout à fait honnête, très dégarni.

16
L'invention mathématique :
psychologie et esthétique

[1] H. Poincaré, « L'invention mathématique », chapitre 3 dans *Science et Méthode*, Paris, Ernest Flammarion, 1908.

[2] J. Hadamard, *The Psychology of Invention in the Mathematical Field*, Princeton, Princeton University Press, 1945 ; édition augmentée de 1949 rééditée par Dover, New York, 1954.

[3] La lettre d'Einstein est reproduite dans l'Appendice II du livre de Hadamard, voir note [2].

[4] Il y a des exceptions : *Les Écrits philosophiques* de Poincaré (voir par exemple note [1]) sont de la bonne littérature. Il est intéressant de noter que le jeune Poincaré avait commencé à écrire un roman. Pour ce que nous savons de ce roman, nous n'avons pas perdu grand-chose lorsqu'il a abandonné le projet. Cependant les préoccupations littéraires de jeunesse de Poincaré ont sûrement constitué un avantage pour lui lorsque plus tard il a rédigé ses livres sur la philosophie des sciences.

[5] Le théorème de la fonction implicite joue un rôle fondateur en *géométrie différentielle* (l'étude des variétés différentiables). Voir par exemple S. Lang, *Differential Manifolds*, Reading, Addison-Wesley, 1972.

[6] Un exemple est la démonstration de la *persistance des ensembles hyperboliques* par M. Hirsch et C. Pugh « Stable manifolds

and hyperbolic sets », *in Proc. Symp. In Pure Math. 14*, Amer. Math. Soc., Providence, 1970, p. 132-164.

[7] Il existe en fait plusieurs *théorèmes ergodiques* : le théorème ergodique de Birkhoff et le théorème ergodique de von Neumann parurent en 1932, d'autres théorèmes ergodiques ont suivi. Ces théorèmes permettent la définition de « moyennes temporelles » et jouent un rôle fondateur en *théorie ergodique*. Voir par exemple P. Billingsley, *Ergodic theory and Information*, New York, John Wiley & Sons, 1965.

17
Le théorème du cercle de Lee et Yang,
et un labyrinthe de dimension infinie

[1] Voir T. D. Lee et C. N. Yang « Statistical theory of equations of state and phase transitions. II Lattice gas and Ising model », *Phys. Rev.*, **87**, 410-419 (1952), et également T. Asano, « Theorems on the partition functions of the Heisenberg ferromagnets », *J. Phys. Soc. Jap.*, **29**, 350-359 (1970). J'ai depuis longtemps été fasciné par le théorème du cercle de Lee-Yang [voir D. Ruelle, « Extension of the Lee-Yang circle theorem », *Phys. Rev. Letters*, **26**, 303-304 (1971)] et je pense qu'il existe encore des mystères à dévoiler dans ce domaine.

[2] Le *théorème fondamental de l'algèbre* est plus un théorème d'analyse que d'algèbre. Il affirme que, pour un polynôme

$$P(z) = \sum_{j=0}^{m} a_j z^j$$

où les a_j sont des nombres complexes et $a_m = 1$, il existe des nombres complexes $c_1, ..., c_m$ tels que $P(z) = \prod_{j=1}^{m} (z - c_j)$.

18
Erreur !

[1] Le mathématicien chinois Shiing-shen Chern (1911-2004) a passé une grande partie de sa carrière aux États-Unis.

[2] Les références sont H. Hopf, « Über die Abbildungen der dreidimentionalen-Sphäre auf die Kugelfläche », *Math. Ann.*, **104**,

637-665 (1931) ; « Über die Abbildung von Sphären auf Sphären niedriger Dimension », *Fundam. Math.*, **25**, 427-440 (1935).

[3] Un algorithme résout un certain type de problème après introduction des données convenables. Le problème peut être par exemple : *cet entier est-il un nombre premier ?* L'entier pour lequel la question est posée constitue les données. Les données ont une certaine *longueur*, ici le nombre de chiffres de l'entier considéré. Il est clairement intéressant de connaître la vitesse à laquelle opère l'algorithme, c'est-à-dire de savoir à quelle vitesse il résout le problème considéré. Par exemple, pour un algorithme en temps polynomial, le temps d'exécution est borné par un polynôme en la longueur des données. Un problème est dit *traitable* s'il possède un algorithme en temps polynomial. De manière remarquable, il existe un algorithme en temps polynomial pour tester la primalité (c'est-à-dire pour déterminer si un nombre est premier ou non) mais on ne connaît pas d'algorithme en temps polynomial pour trouver les facteurs premiers d'un entier qui n'est pas premier. (La tractabilité du test de primalité a été démontrée en 2002 par M. Agrawal, N. Kayal, et N. Saxena.) Pour certains problèmes, si l'on peut deviner une réponse, cette réponse peut être vérifiée en temps polynomial, et il existe une classe de tels problèmes qui sont en quelque sorte équivalents (Classe *NP* complète, voir note [9] du chapitre 14.). Une question majeure est de savoir si les problèmes *NP* complets peuvent être résolus en temps polynomial. L'opinion générale est que ce n'est pas le cas mais cela n'a pas été démontré.

[4] La conjecture de Poincaré (1904) caractérise la sphère à trois dimensions parmi les variétés à trois dimensions. Après bien d'autres tentatives, Grigori Perelman a finalement démontré la conjecture de Poincaré en 2002.

[5] A. Jaffe et F. Quinn, « Theoretical mathematics : towards a cultural synthesis of mathematics and theoretical physics », *Bull. Amer. Math. Soc. N. S.*, **29**, 1-13 (1993) ; M. Atiyah *et al.*, « Responses », *Bull. Amer. Math. Soc. N. S.*, **30**, 178-207 (1994).

[6] En particulier les *attracteurs étranges*, voir par exemple J.-P. Eckmann et D. Ruelle, « Ergodic theory of chaos and strange attractors », *Rev. Mod. Phys.*, **57**, 617-656 (1985).

[7] Supposons que la surface d'une sphère soit découpée en « pays » (il n'y a pas de mers), que chaque pays soit connexe (ne soit pas composé de parties disjointes), et que nous voulions colorier chaque pays de manière que des pays qui ont une frontière com-

mune aient des couleurs différentes (nous admettons des pays de même couleur qui n'ont qu'un nombre fini de points en commun). De combien de couleurs avons-nous besoin ? K. Appel et W. Haken ont publié en 1977 une démonstration aidée par ordinateur du fait que quatre couleurs suffisent.

[8] Le physicien mathématicien américain Oscar E. Lanford (1940-) a apporté plusieurs contributions importantes à la mécanique statistique. Sa démonstration aidée par ordinateur n'est pas publiée, je l'ai discutée précédemment dans « Mathematical Platonism reconsidered », voir chapitre 1, note [1].

[9] Voir M. Aschbacher, « The status of classification of the finite simple groups », *Notices of the AMS*, **51**, 736-740 (2004).

[10] Si vous mettez des billes sphériques dans un récipient cubique, il existe une densité maximum de billes atteinte dans un grand récipient. Cette densité est assez facile à deviner, mais le résultat est très difficile à prouver. Voir T. Hales, « The status of the Kepler conjecture », *Math. Intelligencer*, **16**, 47-58 (1994) ; B. Casselman, « The difficulties of kissing in three dimensions », *Notices of the AMS*, **51**, 884-885 (2004).

[11] Voir note [5].

19
Le sourire de la Joconde

[1] Une remarque évidente est que peut-être, en dépit de ce que je pense et soutiens, l'auteur du séminaire a, en fait, dit *antisymmetric*. L'*antisemitic* que j'ai entendu serait alors un produit de mon inconscient et non du sien. Je ne vais pas discuter des raisons qui motivent ma conviction mais, il faut de toute manière admettre qu'un inconscient (le sien ou le mien) était à l'œuvre. Dans le cadre de la présente discussion, il n'est pas essentiel de savoir lequel.

[2] Le titre allemand original est *Eine Kindheitserinnerung des Leonardo da Vinci*. Nous sommes redevables à l'historien de l'art Meyer Schapiro d'une étude fondamentale et très lisible du livre de Freud [« Leonardo and Freud », *Journal of the History of Ideas*, **17**, 147-179 (1956)]. J'ai lu les *Kindheitserinnerungen* dans une version bilingue français/allemand [*Un souvenir d'enfance de Léonard de Vinci*, Gallimard, Paris, (1995)] avec une longue préface du psychanalyste J.-B. Pontalis qui utilise l'étude de M. Schapiro. Le *Leonardo* de Freud donne une interprétation possible et très intéressante de la

personnalité du grand artiste, et est très agréable à lire. Il convient cependant de rester vigilant et critique ! Un autre livre de Freud que j'ai beaucoup apprécié est *Moïse et le monothéisme* [*Der Mann Moses und die monotheistische Religion* (1938)].

[3] Certains croient que Leonard de Vinci était homosexuel. Vous préférerez peut-être penser qu'il a vécu une incroyable et romantique histoire d'amour avec une noble Florentine d'une beauté éblouissante... passion et tragédie... Vous n'arrivez pas à vous faire à l'idée qu'il n'a pas eu du tout de vie sexuelle ! Et pourtant Freud devinait assez bien ce qui se passait dans l'esprit des gens et il se peut bien qu'il ait eu raison.

[4] Ce sont des citations de Leonardo dans le livre de Freud.

[5] Voir chapitre 1, note [2].

[6] Je suis ici en partie J. Laplanche et J.-B. Pontalis, *Vocabulaire de la psychanalyse*, Paris, PUF, 1981.

20
Bricolage et construction de théories mathématiques

[1] La force du biais peut être décrite par une *température* : biais fort = basse température. L'image standard est ici la recherche d'un minimum d'énergie plutôt que d'un maximum d'intérêt. Les hautes températures correspondent à un cheminement au hasard qui saute continuellement d'un point à un autre en n'essayant pas particulièrement de faire baisser l'énergie. Pour l'utilisation de l'ordinateur, une bonne stratégie, appelée *simulated annealing* (« *recuit* » *simulé*), est de partir à une température élevée (en couvrant autant de terrain que possible sans se faire coincer, pour aller s'établir dans une assez grande région de basse énergie). Ensuite la température est abaissée progressivement (pour raffiner le choix d'une valeur basse de l'énergie).

[2] F. Jacob, « Evolution and tinkering », *Science*, **196**, 1161-1166 (1977). Le biologiste français François Jacob (1920-) est connu pour ses travaux fondamentaux sur les activités de régulation dans les bactéries.

[3] L'évolution aurait pu, bien sûr, faire toutes sortes de choses très différentes. J'aime penser qu'elle aurait pu produire des vertébrés à six pattes au lieu de quatre. Une paire de pattes aurait alors pu se libérer plus facilement pour donner des bras ou des ailes. Des

créatures imaginaires bien connues auraient ainsi pu devenir réelles : des dragons (avec quatre pattes et deux ailes), des centaures (avec quatre pattes et deux bras), et des anges (avec deux jambes, deux bras et deux ailes). Voir Ruelle, « Here be no dragons », *Nature*, **411**, 27 (2001).

[4] Aharon Kantorovich, *Scientific discovery, logic and tinkering*, Albany, State University of New York Press, 1993.

21
La stratégie de l'invention mathématique

[1] Par exemple, D. Zeilberger a écrit un programme d'ordinateur (Maple) pour démontrer des identités qui concernent les fonctions hypergéométriques. « A fast algorithm for proving terminating hypergometric identities », *Discrete Math.*, **80**, 207-211 (1990).

[2] Voir Section 1.4.1 dans *The Mathematica Book* de S. Wolfram, Cambridge, Cambridge University Press, 1996.

[3] Voir la correspondance de E. J. Larson et L. Witham : « Leading scientists still reject God », *Nature*, **394**, n° 6691, p. 313 (1998). Cette étude montre des pourcentages bas (14,3 % pour les mathématiciens, 7,5 % pour les physiciens) pour la croyance religieuse parmi les membres de la National Academy of Sciences (États-Unis) ; les pourcentages plus élevés qui peuvent s'obtenir sur l'Internet pour d'autres échantillons donnent le même facteur 2 entre les tendances religieuses des mathématiciens et celles des physiciens.

22
Physique mathématique
et comportements émergents

[1] Le mathématicien, astronome et physicien italien Galileo Galilei (1564-1642) est l'un des fondateurs de la science moderne. Sa liberté de pensée lui valut des ennuis avec l'Église catholique de son temps. Il est intéressant de se demander avec quelles autorités il serait entré en conflit s'il avait vécu à notre époque. Galileo insistait sur le fait que la philosophie devait être étudiée dans le grand livre du monde, écrit par la Nature, non dans le texte du philosophe grec Aristote (384-322 avant J.-C.). Dans le *Saggiatore* (1623), il y a une citation fameuse : « *La filosofia è scritta in questo grandissimo libro*

che continuamente ci sta aperto innanzi a gli occhi (io dico l'universo),... Egli è scritto in lingua matematica,... » [« La philosophie est écrite dans ce très grand livre qui est là, constamment ouvert sous nos yeux (je veux dire l'univers)... Il est écrit en langage mathématique... »].

[2] Albert Einstein, Allemand-Américain (1879-1955) a probablement été le plus grand physicien du XXe siècle.

[3] Le physicien théoricien américain Richard Feynman (1918-1988) a retravaillé en profondeur divers aspects de la physique quantique.

[4] Voici ce qu'écrivait le physicien mathématicien suisse Res Jost (1918-1990) : « Dans les années trente, sous l'influence démoralisante de la théorie des perturbations quantiques, les mathématiques requises d'un physicien théoricien s'étaient réduites à une connaissance rudimentaire des alphabets latin et grec. » (Cité par R. F. Steater et A. S. Wightman, *PCT, Spin & Statistics, and all that*, New York, Benjamin, 1964.)

[5] La mécanique quantique moderne date de sa formulation en 1925 par l'Allemand Werner Heisenberg (1901-1976) et, sous une forme différente, en 1926, par l'Autrichien Erwin Schrödinger (1887-1961).

[6] L'Autrichien Ludwig Boltzmann (1844-1906) et l'Américain J. Willard Gibbs (1839-1903) ont joué un rôle essentiel dans la fondation conceptuelle de la mécanique statistique.

[7] Vous remarquerez que la physique contient toujours un élément essentiel non mathématique : l'identification opérationnelle de « choses » de la nature, pour lesquelles on essayera de trouver une description mathématique. Pour obtenir un état d'équilibre de l'eau, il faut laisser reposer l'eau pendant suffisamment longtemps, s'assurer que l'eau ne bouge pas, construire un thermomètre, vérifier que la température ne dépend pas de l'endroit ou du temps etc.

[8] Le Russe Roland L. Dobrushin (1929-1995) était un probabiliste de grande classe qui s'est intéressé à la mécanique statistique de l'équilibre et a obtenu des résultats profonds dans ce domaine.

[9] Le mathématicien russe Yakov G. Sinaï (1935-) a apporté des contributions fondamentales à la théorie ergodique des systèmes dynamiques et à la mécanique statistique.

[10] Le mathématicien américain Robert E. Bowen (1947-1978), connu sous le nom de Rufus Bowen, a apporté des contributions essentielles à la théorie des systèmes dynamiques différenciables. (Il

m'a un jour expliqué qu'il avait choisi le nom de Rufus parce qu'il détestait être appelé Bob.) Il était à l'opposé d'un génie agité : lorsqu'il expliquait un problème mathématique, de sa voix lente et tranquille, on oubliait tout à l'exception de la question qu'il exposait avec une absolue clarté. C'était l'un des meilleurs mathématiciens de sa génération, lorsqu'il est mort de manière brutale d'une hémorragie cérébrale.

[11] Certaines des idées mentionnées ici sont discutées dans les livres techniques suivants : R. Bowen, « Equilibrium states and the ergodic theory of Anosov diffeomorphisms », *Lecture Notes in Math.*, **470**, Springer, Berlin, 1975 ; D. Ruelle. *Thermodynamic formalism*, Reading (Mass.), Addison-Wesley, 1978 ; W. Parry et M. Pollicott, « Zeta functions and the periodic orbit structure of hyperbolic dynamics », *Astérisque*, **187-188**, Soc. Math. de France, Paris, 1990.

[12] Voir par exemple mon livre non technique *Hasard et Chaos*, Paris, Odile Jacob, 1991.

23
La beauté des mathématiques

[1] En ce qui concerne les systèmes dynamiques, j'ai fait plusieurs séjours à Berkeley dans les années 1960 et 1970 pendant la grande période « hyperbolique » de Steve Smale et à l'IMPA à Rio de Janeiro lorsque Jacob Palis et Ricardo Mañé y étaient en pleine activité. En ce qui concerne la physique mathématique, j'étais à Zurich (ETH) avec Res Jost au début des années 1960, et ensuite à l'Institute for Advanced Study à Princeton du temps de C.-N. Yang et de Freeman Dyson. J'ai ensuite bénéficié en mécanique statistique, de l'activité autour de Joël Lebowitz à la Yeshiva University et plus tard à Rutgers. Et, bien sûr, j'ai été immergé dans l'activité constante mathématique et physique, de l'IHES à Bures-sur-Yvette pour plusieurs décades de la fin du XXe siècle.

[2] Et voici la fin de votre labeur, ô vous, lecteur patient de notes ! Nous laissons derrière nous l'Académie et ses discussions. Nous pouvons maintenant respirer un peu d'air pur et nous permettre de redevenir pour quelque temps, αγεωμετρητροι, c'est-à-dire géométriquement ineptes, ou non-mathématiciens.

Table

Préface 7

1. La pensée scientifique 11
2. Les mathématiques : de quoi s'agit-il ? 17
3. Le programme d'Erlangen 25
4. Mathématiques et idéologies 33
5. L'unité des mathématiques 41
6. Un coup d'œil sur la géométrie algébrique
   et l'arithmétique 49
7. Un voyage à Nancy avec Alexandre Grothendieck 57
8. Structures 67
9. L'ordinateur et le cerveau 75
10. Textes mathématiques 83
11. Honneurs et récompenses 91
12. L'infini, écran de fumée des Dieux 99
13. Fondements 107
14. Structures et création de concepts 113
15. La pomme de Turing 121
16. L'invention mathématique : psychologie et esthétique 131
17. Le théorème du cercle de Lee et Yang
    et un labyrinthe de dimension infinie 139
18. Erreur ! 147
19. Le sourire de la Joconde 155
20. Bricolage et construction de théories mathématiques 163
21. La stratégie de l'invention mathématique 171
22. Physique mathématique et comportements émergents 179
23. La beauté des mathématiques 189

Notes 195

Imprimé par Lightning Source France
1 avenue Gutenberg
78310 Maurepas

N° d'édition : 7381-2149-Y